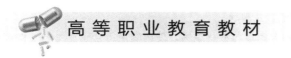

高等职业教育教材

江苏省中国特色高水平高职学校建设**生物医药类专业**优秀教材

细胞培养与细胞水平筛选

杨华军◎主编　　　程 炜◎副主编

化学工业出版社

·北京·

内容简介

《细胞培养与细胞水平筛选》为新型活页式教材。

本书聘请了生物医药行业企业一线的专家参与教材编写，使内容更符合企业生产工作实际。全书以一个来源于行业的真实工作项目"细胞水平药物筛选实验"为基础，设计了八个学习情境。每个学习情境环环相扣、层层递进，可使学生在学习相关理论知识和实验操作的基础上，更了解企业实际工作的类型和关注点。

本书可作为高等职业教育生物技术类相关专业的教材，也可供相关行业企业人员培训和参考使用。

图书在版编目（CIP）数据

细胞培养与细胞水平筛选 / 杨华军主编；程炜副主编. —北京：化学工业出版社，2023.10
ISBN 978-7-122-43961-1

Ⅰ．①细…　Ⅱ．①杨…　②程…　Ⅲ．①细胞培养－教材　Ⅳ．①Q813.1

中国国家版本馆CIP数据核字（2023）第149579号

责任编辑：提　岩　李　瑾		文字编辑：药欣荣	
责任校对：边　涛		装帧设计：王晓宇	

出版发行：化学工业出版社（北京市东城区青年湖南街13号　邮政编码100011）
印　　装：中煤（北京）印务有限公司
787mm×1092mm　1/16　印张6¼　彩插1　字数148千字　2024年2月北京第1版第1次印刷

购书咨询：010-64518888　　　　　　　　　售后服务：010-64518899
网　　址：http://www.cip.com.cn
凡购买本书，如有缺损质量问题，本社销售中心负责调换。

定　　价：28.00元　　　　　　　　　　　　　　　　版权所有　违者必究

前　言

细胞培养技术和细胞水平药物筛选技术是药物研发过程中既基础又重要的实验手段，也是生物学各领域的基本技术技能，已广泛应用于生物医药各领域。

本书体系新颖，特点鲜明，具有如下特点：

（1）基础理论知识简单、语言精练、图文并茂，有助于学生对抽象概念和技术难点的理解，降低学习难度。

（2）每个学习情境以实际工作为基础，环环相扣，贴近工作岗位实际，体现"教""学""做"三位一体。

（3）体系结构新颖，学习情境下设有"情境描述""学习目标""任务书""任务分组""工作计划""任务实施""评价反馈"以及"相关知识"等，各模块目的明确，可有效提高学习效率和效果。

（4）工作项目取材于真实工作岗位，贴近工作实际，应用企业工作场景突出技术学习，训练数据处理能力。

（5）校企合作、双元开发，编写团队由具有多年教学经验的教师和企业一线专家共同组成，可使学生在学习相关理论知识和实验操作的基础上，更了解企业实际工作的类型和关注点。

本书由苏州健雄职业技术学院杨华军担任主编，苏州健雄职业技术学院程炜担任副主编。其中，学习情境一、学习情境二由杨华军编写；学习情境三、学习情境四由程炜编写；学习情境五、学习情境六由苏州健雄职业技术学院严丹红编写；学习情境七、学习情境八由兰立生物科技（苏州）有限公司董俊一编写。全书由杨华军统稿，苏州健雄职业技术学院顾准教授主审。

本书在编写过程中，得到了化学工业出版社、兰立生物科技（苏州）有限公司、太仓泽鑫生物科技有限公司等单位的大力支持，在此致以诚挚的感谢。

由于编者的经验和水平所限，书中不足之处在所难免，敬请广大读者批评指正！

编　者

2023 年 8 月

目 录

学习情境一　接受任务，任务前信息收集 ——————————————— 001

情境描述	001	相关知识	005
学习目标	001	一、EGFR背景知识	005
任务书	001	1. 药物靶点	005
任务分组	002	2. EGFR 简介	005
工作计划	002	3. EGFR 抑制剂	006
任务实施	003	二、实验方案讨论结果案例	009
评价反馈	004		

学习情境二　实验设施和实验设备 ——————————————— 010

情境描述	010	7. 倒置显微镜	020
学习目标	010	8. 液氮罐	020
任务书	010	9. 高压灭菌锅	020
任务分组	010	三、试剂和耗材	021
工作计划	011	1. 细胞培养容器	021
任务实施	012	2. 吸管和移液器	022
评价反馈	014	3. 离心管和细胞冻存管	023
相关知识	015	4. 细胞消化液	024
一、细胞培养实验室生物安全	015	5. 基础培养基	024
二、细胞培养实验室的设备	015	6. 血清	025
1. 超净工作台、生物安全柜	016	7. 抗生素	025
2. 细胞培养箱	017	四、无菌技术	026
3. 恒温水浴锅	018	1. 无菌工作区域	026
4. 台式离心机	018	2. 良好的个人卫生	026
5. 冰箱和冰柜	019	3. 无菌试剂和培养基	026
6. 细胞计数器	020	4. 无菌操作	026

学习情境三　细胞的复苏与冻存 —————————— 028

情境描述	028	3. 液氮使用注意事项	034
学习目标	028	二、NCI-H1975细胞的复苏	034
任务书	028	1. NCI-H1975细胞的相关信息	034
任务分组	028	2. 美国模式培养物集存库	035
工作计划	029	3. 复苏NCI-H1975细胞的实验设备、	
任务实施	030	试剂和耗材	035
评价反馈	032	4. 复苏NCI-H1975细胞的实验流程	035
相关知识	033	5. 冻存NCI-H1975细胞的实验设备、	
一、液氮罐的使用	033	试剂和耗材	037
1. 液氮的来源	033	6. 冻存NCI-H1975细胞的实验流程	037
2. 液氮的特性	033		

学习情境四　细胞的传代培养与观察 —————————— 038

情境描述	038	4. 生物污染	046
学习目标	038	二、NCI-H1975细胞的传代培养	049
任务书	038	1. 传代时间的确定	049
任务分组	038	2. NCI-H1975细胞传代所需的实验设	
工作计划	039	备、试剂和耗材	049
任务实施	041	3. NCI-H1975细胞传代实验流程	049
评价反馈	043	4. 悬浮细胞的传代	050
相关知识	044	三、细胞数目和细胞存活率的测定	050
一、细胞的常规观察	044	1. 血球计数板的基本构造	050
1. 细胞形态	044	2. 使用血球计数板进行细胞数目和存	
2. 细胞生长	045	活率的测定	051
3. 营养液	046		

学习情境五　细胞铺板及铺板密度的确定 —————————— 052

情境描述	052	工作计划	053
学习目标	052	任务实施	054
任务书	052	评价反馈	055
任务分组	052	相关知识	056

一、细胞铺板 056

三、细胞梯度稀释生长曲线法 059

二、细胞梯度稀释观察法 058

学习情境六 细胞铺板和药物处理 — 061

情境描述 061	**相关知识** 066
学习目标 061	一、细胞铺板 066
任务书 061	二、药物处理 066
任务分组 061	1. 药物储存液的配制 066
工作计划 062	2. 测试药物的梯度稀释 067
任务实施 063	3. 药物处理 068
评价反馈 064	

学习情境七 实验结果的检测 — 069

情境描述 069	**相关知识** 074
学习目标 069	一、实验结果的检测 074
任务书 069	1. CellTiter-Glo® 细胞活力检测法 074
任务分组 069	2. MTT 法 075
工作计划 070	3. CCK-8 法 076
任务实施 071	二、多功能酶标仪的使用 078
评价反馈 073	

学习情境八 实验数据的处理和呈现 — 079

情境描述 079	**相关知识** 084
学习目标 079	一、测试药物对细胞活性抑制率的计算 084
任务书 079	二、GraphPad Prism 绘制量效曲线并
任务分组 079	计算 IC_{50} 值 085
工作计划 080	三、绝对 IC_{50} 和相对 IC_{50} 090
任务实施 081	四、实验结果呈现 091
评价反馈 083	

参考文献 — 092

学习情境一
接受任务，任务前信息收集

情境描述

在开始项目前，作为药效研究助理的你需要与甲方公司项目负责人对该实验项目进行讨论，以确定实验流程和实验细节。待实验流程和实验细节确定后，就可以开始实施项目。

学习目标

（1）与甲方公司项目负责人取得联系，了解该实验项目的研究目的和研究背景。

（2）根据该项目的研究目的和研究背景，查阅相关文献和资料，了解该项目的背景知识。

（3）在熟悉背景知识的前提下，与甲方公司项目负责人讨论具体实验流程和实验细节，主要包括以下方面：

① 该项目需要在哪个细胞系上进行实验检测；

② 取得测试化合物 X 的详细信息，包括化合物的分子量、纯度、溶解性等，以及化合物的检验报告单（certificate of analysis，COA），以保证化合物处理过程的安全性；

③ 需要如何设置阴性对照和阳性对照；

④ 各待测化合物测试的最高浓度，设置几个测试浓度，每个测试浓度做多少复孔；

⑤ 确定化合物作用于细胞的时间；

⑥ 使用哪种方法或试剂检测实验结果；

⑦ 对于得到的实验数据如何进行分析。

任务书

作为某 CRO 公司一名药效研究助理的你，现接到如下实验项目任务：某生物医药研发公司（甲方公司）正在研发一款新型的抗肿瘤药物，需要对其候选化合物 X 进行药效学研究。该抗肿瘤药物的靶点是表皮因子生长受体（epidermal growth factor receptor, EGFR），是第三代的 EGFR 抑制剂，客户需要评价其待测化合物 X 对野生型 EGFR 以及突变型 EGFR 在细胞水平的活性抑制作用。对比已经上市的 EGFR 抑制剂的药物阿法替尼，评价待测化合物 X 对比阿法替尼的性能优劣。

 任务分组

完成分组和任务分工，填写表 1-1。

表 1-1　任务分组表

班级		组号		指导老师	
组长		学号			
组员	姓名	学号	姓名	学号	
任务分工					

 工作计划

根据与研发公司项目负责人讨论的结果获取相应的信息，填写表 1-2、表 1-3。

表 1-2　测试化合物的相关信息

步骤	内容	具体信息
1	化合物 X 的分子量	
2	化合物 X 的纯度	
3	溶解性	
4	储存条件	
5	是否有 COA	

表1-3 实验设计相关信息

序号	内容	具体信息
1	待测细胞株	
2	待测化合物数量	
3	化合物最高测试浓度	
4	化合物稀释倍数	
5	化合物处理时长	
6	实验结果检测方法	
7	如何进行数据分析	

任务实施

引导问题1：如何与研发公司项目负责人取得联系？

引导问题2：需要与甲方公司项目负责人联系以获取关于测试化合物的哪些信息？

引导问题3：对于实验设计方法，哪些重要的实验细节需要与甲方公司项目负责人进行确认？

引导问题4：化合物的COA是什么？主要作用是什么？

引导问题5：什么是靶点？为什么要根据靶点的信息进行测试细胞株的选择？

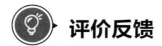
评价反馈

各组代表展示实验结果,介绍实验的过程。填写表1-4～表1-6。

表1-4　学生自评表

任务	完成情况记录
任务是否按计划时间完成	
相关理论完成情况	
技能训练情况	
任务完成情况	
实验数据整理、分析和汇报情况	
实验记录本使用情况	

表1-5　学生互评表

序号	评价项目	小组内互评
1	任务是否按时完成	
2	实验记录本使用情况	
3	实验数据质量情况	
4	动手能力	
5	小组合作情况	

表1-6　教师评价表

序号	评价项目	教师评价
1	学习准备	
2	引导问题填写	
3	实验前准备工作	
4	实验操作规范	
5	实验完成质量	
6	关键操作要领掌握	
7	实验数据整理、分析	
8	实验数据汇报情况	
9	实验记录本使用情况	
10	分析、解决实验问题	
11	实验结果展示汇报	

一、EGFR 背景知识

1. 药物靶点

药物靶点（简称药靶）是指药物在体内的作用结合位点，包括基因位点、受体、酶、离子通道、核酸等。现代新药研究与开发的关键首先是寻找、确定和制备药物筛选靶——分子药靶。选择确定新颖的有效药靶是新药开发的首要任务。迄今已发现作为治疗药物靶点的总数约 500 个，其中受体尤其是 G 蛋白偶联受体（GPCR）靶点占绝大多数，另外还有酶、抗菌、抗病毒、抗寄生虫药的作用靶点。合理化药物设计（rational drug design）可以依据生命科学研究中所揭示的包括酶、受体、离子通道、核酸等潜在的药物作用靶位，或其内源性配体以及天然底物的化学结构特征来设计药物分子，以发现选择性作用于靶点的新药。

在这个项目中，药物研发公司项目的靶点是 EGFR（Epidermal Growth Factor Receptor, 表皮生长因子受体），为了能够更好地了解项目背景以及靶点特有的作用机制，需要了解一些背景知识。下面介绍了一些 EGFR 的相关知识，以及 EGFR 抑制剂药物的研究现状。

2. EGFR 简介

EGFR 是表皮生长因子（EGF）细胞增殖和信号转导的受体。EGFR 属于 ErbB 受体家族的一种，该家族包括 EGFR（ErbB-1）、Her2/c-neu（ErbB-2）、Her 3（ErbB-3）和 Her 4（ErbB-4）。EGFR 也被称作 Her1、ErbB-1，突变或过表达一般会引发肿瘤。EGFR 是一种糖蛋白，属于酪氨酸激酶型受体，细胞膜贯通，分子量 170kDa。EGFR 位于细胞膜表面，靠与配体结合来激活，包括 EGF 和 TGFα（transforming growth factor α）。激活后，EGFR 由单体转化为二聚体，尽管也有证据表明，激活前也存在二聚体。EGFR 还可能靠和 ErbB 受体家族的其他成员聚合来激活，例如 ErbB-2/Her2/neu。

EGFR 二聚后可以激活它位于细胞内的激酶通路，包括 Y992、Y1045、Y1068、Y1148 和 Y1173 等激活位点。这个自磷酸化可以引导下游的磷酸化，包括 MAPK、Akt 和 JNK 通路，诱导细胞增殖。

研究表明在许多实体肿瘤中存在 EGFR 的高表达或异常表达。EGFR 与肿瘤细胞的增殖、血管生成、肿瘤侵袭、转移及细胞凋亡的抑制有关。其可能的机制有：EGFR 的高表达引起下游信号转导的增强；突变型 EGFR 受体或配体表达的增加导致 EGFR 的持续活化；自分泌环的作用增强；受体下调机制的破坏；异常信号转导通路的激活等。EGFR 的过表达在恶性肿瘤的演进中起重要作用，胶质细胞瘤、肾癌、肺癌、前列腺癌、胰腺癌、乳腺癌等组织中都有 EGFR 的过表达。对胶质细胞瘤的研究发现 EGFR 的高表达主要与其基因扩增有关。但有时 EGFR 表达水平的调节异常也存在于翻译及翻译后。EGFR 在肿瘤中的高表达还可能与活化后降解减少有关，一些研究指出 c-Src 可通过抑制受体泛素化和内吞作用而上调 EGFR 水平。许多肿瘤中有突变型 EGFR 存在，现已发现许多种 EGFR 突变型。突变型 EGFR 的作用可能包括：具有配体非依赖型受体的细胞持续活化；由于 EGFR 的某些结构域缺失而导致受体下调机制的破坏、异常信号转导通路的激活、细胞凋亡的抑制等。突变体的产生是由于 EGFR 基因的缺失、突变和重排。EGFR 的配体对细胞内信号转导有很大影响。EGFR 的配体通过自分泌形式激活 EGFR 促进细胞增殖，它们的共表达往往预示肿瘤预后不良。例如，在乳腺浸润性导管癌的研究中发现，TGFα 与 EGFR 共表达，且这种共表达与患者的生存率显著相关。

此外，对 EGFR 与肿瘤的血管生成、高侵袭性及转移关系的研究发现，EGFR 可以通过 Ang-1 及 VEGF 等因子水平的调节而影响肿瘤血管生成。

3. EGFR 抑制剂

EGFR 是非小细胞肺癌最常见的驱动基因，在所有非小细胞肺癌中阳性率达到 17%，在国内患者中接近 30%~40%，在肺腺癌中更是高达约 60%。而 EGFR 抑制剂（EGFR-TKI）药物也同样是非小细胞肺癌靶向药中最大的一个分类，目前已获批的药物多达 6 种。因此，在具有这一突变的非小细胞肺癌患者的治疗过程中，EGFR-TKI 一直都是关键性的治疗选择。但与大多数靶向药物不同，EGFR-TKI 共分为三代药物，各有不同的特点。

（1）第一代 EGFR-TKI 药物　吉非替尼（见图 1-1 左）、厄洛替尼（见图 1-1 右）和埃克替尼。

最初，科学家发现部分非小细胞肺癌的癌细胞中 EGFR 蛋白表达水平远高于正常细胞，并以此为突破口研发了第一代 EGFR-TKI。从首款 EGFR-TKI 吉非替尼于 2003 年获得 FDA 批准上市至今，已获得 FDA 批准上市的第一代 EGFR-TKI 包括吉非替尼、厄洛替尼和埃克替尼。

这类药物的共同点在于，化学结构上有相同的喹唑啉母环，主要通过与 ATP 竞争性结合的方式，抑制发生了突变的细胞的 EGFR 蛋白功能，主要针对 19 号外显子缺失和 21 号外显子点突变。

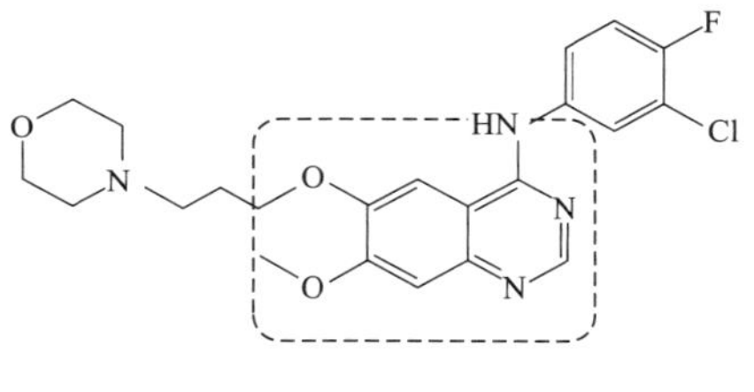

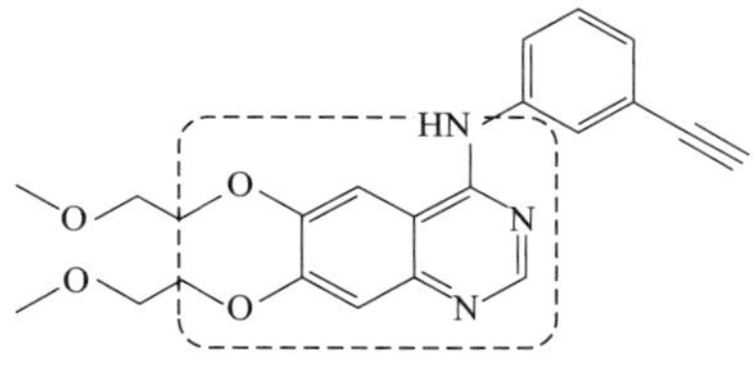

吉非替尼　　　　　　　　　　　　　　厄洛替尼

图 1-1　吉非替尼和厄洛替尼的分子结构

除了发生突变的细胞，一代 EGFR-TKI 也同样会抑制正常细胞的 EGFR 蛋白功能，从而导致皮疹、腹泻等不良反应。此类药物入脑性较差，对于脑转移患者的疗效整体不佳。由于药物与靶点的结合方式为可逆性结合，一代 EGFR-TKI 发生耐药的风险较大，通常发生在连续用药 1 年左右。最常见的耐药突变为 T790M 突变型。

（2）第二代 EGFR-TKI 药物　阿法替尼（见图 1-2 左）和达克替尼（见图 1-2 右）。

与一代药物不同，二代 EGFR-TKI 对于药物化学结构进行了改进，除竞争性地与 EGFR 上 ATP 结合位点可逆性结合外，还能与 EGFR 特有的氨基酸残基发生烷基化作用或共价键结合，即不可逆结合。目前，获得 FDA 批准上市的二代 EGFR-TKI 包括阿法替尼和达克替尼两款。

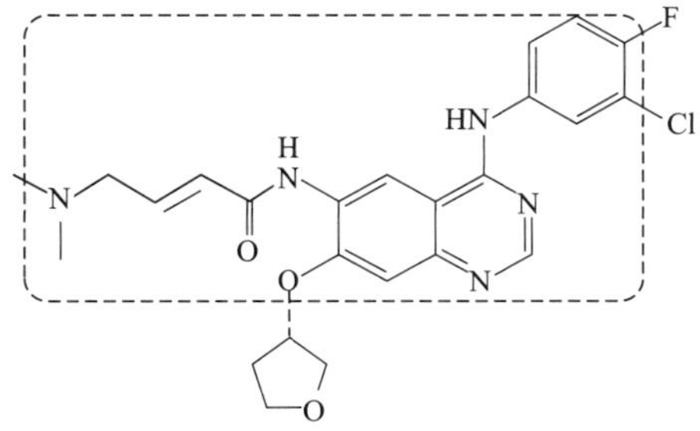

图1-2　阿法替尼和达克替尼的分子结构

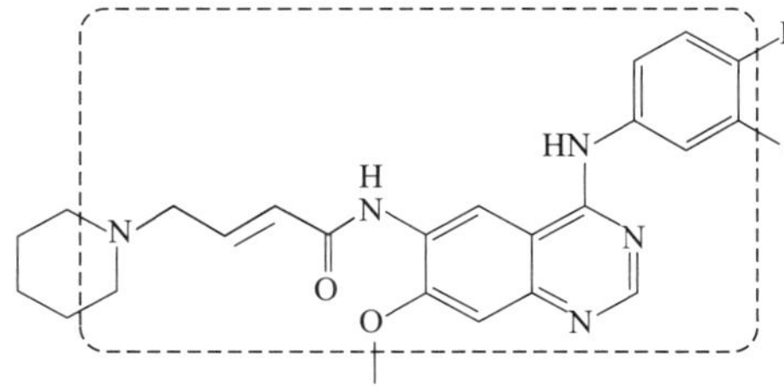

2016 年 ESMO 大会上，全球首次一代与二代 EGFR-TKI 吉非替尼和阿法替尼的头对头对比试验 LUX-Lung 7 公布了初步研究的数据。这是一、二代 EGFR-TKI 的首次正面"交锋"，显然，二代药物阿法替尼先下一局。

LUX-Lung 7 的初步结果显示，接受二代 EGFR-TKI 阿法替尼治疗的患者中位总生存期为 27.9 个月，接受一代 EGFR-TKI 吉非替尼治疗的患者中位总生存期为 24.5 个月；阿法替尼治疗患者中位治疗失败时间为 13.7 个月，而吉非替尼治疗患者的中位治疗失败时间为 11.5 个月。显然，接受阿法替尼治疗的患者治疗有效、疾病控制良好的时间整体更久。

与一代药物相比，二代 EGFR-TKI 在避免耐药方面做出了卓有成效的努力。二代 EGFR-TKI 的开发逻辑是，如果药物的疗效更好，或许耐药性会出现得更晚，甚至不会发生耐药。因此，二代 EGFR-TKI 采取的是不可逆的共价结合方式，临床中展现出了更强的抑制作用，但仍然不能用于治疗一代 EGFR-TKI 后发生耐药突变的患者，如 T790M 突变型患者等。

（3）第三代 EGFR-TKI 药物　奥希替尼。

2015 年，FDA 批准了首款三代 EGFR-TKI 奥希替尼，填补了长期以来一、二代 EGFR-TKI 耐药后的治疗困境。除了靶向最常见的耐药突变 T790M，奥希替尼对于常见的 EGFR 突变类型，如外显子 18、19、21 的突变型，均有很好的治疗效果。此外，奥希替尼具有良好的选择性，对于未发生突变的野生型 EGFR 蛋白作用效果弱，脱靶毒性更小，造成的不良反应更轻微。当然，比起一代 EGFR-TKI，奥希替尼还有非常重要的一点优势，即奥希替尼的入脑性更强，对于发生了脑转移的患者同样具有较好的疗效。

奥希替尼的特点代表了目前第三代，甚至是第四代 EGFR-TKI 的发展方向。更小的脱靶毒性带来更少的不良反应，更强的靶向性带来更好的疗效，更少发生耐药性，同时也具备针对耐药突变的能力，以及更强的入脑性带来的治疗脑转移病灶的能力，能够将诸多优势集于一身的药物，必定能够成为下一代的"明星药"。

（4）第四代 EGFR-TKI　有望破解 C797S 耐药突变。

尽管能够破解一、二代 EGFR-TKI 最常见的突变 T790M，同时也在避免耐药方面做出了卓有成效的努力，但第三代 EGFR-TKI 同样存在发生进一步耐药的可能。Del19/

T790M/C797S 及 L858R/T790M/C797S 突变是第三代 EGFR-TKI 耐药后最常见的突变类型，占 20%~40%。目前已有的药物对于此类患者治疗效果欠佳，市场需求再次出现空白。

针对这一突变型的第四代 EGFR-TKI 初次面世，由我国正大天晴药业自主研发的 TQB3804 在实验室研究展现出了良好的活性，并在动物实验中展现出了良好的疗效。

（5）罕见 EGFR 突变型治疗现状　疗效欠佳，仍需突破性新药。

EGFR 蛋白质结构以及常见的突变见图 1-3（可见彩色插页）。除了常见的外显子 18、19、21 突变等，以及常见的耐药突变 T790M 及 C797S 等，还存在一些比较罕见、对于各类 EGFR-TKI 药物均不敏感的突变类型。

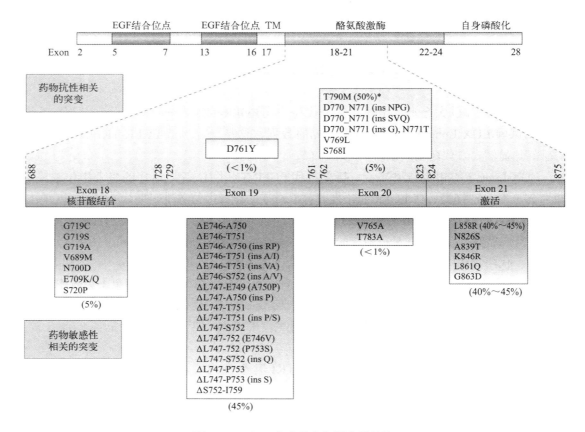

图 1-3　EGFR 突变位点和蛋白质结构

引自 "Nat Rev Cancer. 2007Mar；7（3）：169-181"

在这些罕见突变型中，最常见的是 EGFR 20 号外显子插入突变（EGFR ex20in），占罕见突变的 30%，在全部 EGFR 突变中占 4.8%~12%；整体来说，EGFR ex20in 占非小细胞肺癌的 2%~3%。

在所有突变型中，EGFR ex20in 属于比较难治的类型。一、二代 EGFR-TKI 药物治疗 EGFR ex20in，疗效并不理想，总有效率仅 0~11%；使用第三代 EGFR-TKI 药物奥希替尼治疗，中位无进展生存期也仅有约 6.2 个月。

目前临床上针对 EGFR 靶点的药物很多，如何更好地利用这些已经获批的药物、并寻找更多尚未获批但已经开始试验的药物进行治疗，同时获得更长的生存期与更好的生活质量，是患者应当仔细斟酌的问题。

二、实验方案讨论结果案例

对于不同的研发项目，其作用靶点不同，研究的内容也会有所不同。为了更好地开展项目，作为研究肿瘤的你需要学习所做项目的背景知识，这样才能更好地协助药物研发公司进行药物的研发工作。

在项目开始前，一般通过比较正式的联系方式（如电子邮件）与对方项目负责人取得联系。通过邮件的方式多次讨论以后，你与药物研发公司项目负责人关于该项目确认如下信息：

（1）使用 NCI-H1975 作为该项目的测试细胞。NCI-H1975 细胞系含有 EGFR（p.T790M；p.L858R）突变，理论上二代 EGFR 抑制剂阿法替尼不能够发挥很好的抑制作用，但是作为第三代针对 T790M 突变的待测化合物 X 可以发挥很好的抑制作用。

（2）该项目共测试 2 个化合物：待测化合物 X 以及已上市药阿法替尼。化合物的详细信息如下：

测试物	分子量	纯度	质量/mg	批号	状态	储存条件
X	439.35	98.5%	2.3	S202201	粉末	−20℃
阿法替尼	485.94	99.80%	5.0	S101112	粉末	−20℃

（3）该项目的阳性对照为已上市药阿法替尼，阴性对照为 DMSO 溶剂。

（4）化合物最高测试浓度为 10 μmol/L，共设置 10 个浓度点（包括药物浓度 0），按 3 倍进行浓度梯度稀释，每个测试浓度设置 3 复孔进行检测。实验板设计如下：

顺序	1	2	3	4	5	6	7	8	9	10	11	12	
A													
B		10	3.33	1.11	0.37	0.124	0.041	0.014	0.0046	0.0015	0		X 浓度/（μmol/L）
C		10	3.33	1.11	0.37	0.124	0.041	0.014	0.0046	0.0015	0		
D		10	3.33	1.11	0.37	0.124	0.041	0.014	0.0046	0.0015	0		
E		10	3.33	1.11	0.37	0.124	0.041	0.014	0.0046	0.0015	0		阿法替尼浓度/（μmol/L）
F		10	3.33	1.11	0.37	0.124	0.041	0.014	0.0046	0.0015	0		
G		10	3.33	1.11	0.37	0.124	0.041	0.014	0.0046	0.0015	0		
H													

（5）化合物处理 72 h 后，使用 CTG（Cell Titer-Glo® 细胞活力检测）进行实验结果检测。

（6）分析得到的实验数据，根据需要绘制剂量反应曲线，计算绝对 IC_{50} 和相对 IC_{50}。

完成的实验设计以及实验流程会在"学习情境六 细胞铺板和药物处理"和"学习情境七 实验结果的检测"中详细介绍。

学习情境二
实验设施和实验设备

情境描述

在项目实施前,需要对实验设施、实验设备以及实验试剂等进行检查和准备工作,以保证后续项目能够顺利展开。

学习目标

(1)检查细胞培养实验室,确认其实验环境和条件达到要求。
(2)检查和准备实验设备,确认其能够满足实验项目的开展。
(3)检查和准备实验相关试剂,确认其能够满足实验项目的开展。
(4)了解无菌操作技术,能按照无菌操作技术开展项目。

任务书

作为某 CRO 公司一名药效研究助理的你,已经了解学习情境一的相关内容,为了使这个项目能够顺利开展,需要进行前期的实验设施、实验设备以及相关实验试剂和耗材的检查和准备工作。

任务分组

完成分组和任务分工,填写表 2-1。

表 2-1 任务分组表

班级		组号		指导老师	
组长		学号			

续表

组员	姓名	学号	姓名	学号
任务分工				

 工作计划

根据项目的实验内容，为保证项目的开展需要进行相关的检查和准备工作，包括实验设备、相关实验试剂和耗材，填写表 2-2 和表 2-3。

表 2-2 实验设备

序号	实验仪器名称	型号与厂家
1		
2		
3		
4		
5		
6		
7		
8		
9		
10		
11		
12		

表2-3 实验试剂和耗材

序号	实验试剂和耗材	货号与厂家
1		
2		
3		
4		
5		
6		
7		
8		
9		
10		

 任务实施

? 引导问题1：细胞培养实验对环境的要求较高，细胞培养实验室需要具备什么样的条件才能达到实验要求？

? 引导问题2：细胞培养实验空气环境一般都采用正压，为什么需要这样设置？

? 引导问题3：按照国际规则，生物安全实验室按等级划分，按照研究对象的危险程度分为哪几类？

? 引导问题4：获得无菌条件的最为简单、经济的方式是什么？

? 引导问题5：超净工作台和生物安全柜的主要区别是什么？

[?] 引导问题 6：培养动物细胞最适合的环境条件是什么？

[?] 引导问题 7：细胞培养箱分为哪几类？为什么要在细胞培养箱中放置水盘？

[?] 引导问题 8：使用离心机时要注意设置转速，一般离心机的离心转速单位分为哪几种？

[?] 引导问题 9：使用什么设备进行细胞的长期保存？这种设备分为哪几类？

[?] 引导问题 10：培养细胞的容器有哪些？

[?] 引导问题 11：细胞培养瓶盖的类型有哪几种？各自的特点是什么？

[?] 引导问题 12：冻存细胞所使用的冻存管分为哪两类？各自的特点是什么？

[?] 引导问题 13：列举几种常见的基础培养基。

[?] 引导问题 14：培养细胞所使用的牛血清分为哪几类？如何进行分类？它们之间有何不同？

学习情境二　实验设施和实验设备　　**013**

? 引导问题15：何为无菌技术？为什么要使用无菌操作？

? 引导问题16：无菌培养瓶、试剂瓶、培养皿等物品使用时方可揭开盖子，取下的盖子应该如何放置？

 ## 评价反馈

各组代表展示实验结果，介绍实验的过程。填写表2-4～表2-6。

表2-4　学生自评表

任务	完成情况记录
任务是否按计划时间完成	
相关理论完成情况	
实验设备准备情况	
实验试剂准备情况	
无菌操作掌握情况	
实验记录本使用情况	

表2-5　学生互评表

序号	评价项目	小组内互评
1	任务是否按时完成	
2	实验记录本使用情况	
3	动手能力	
4	小组合作情况	
5	无菌操作掌握情况	

表2-6　教师评价表

序号	评价项目	教师评价
1	学习准备	
2	引导问题填写	

续表

序号	评价项目	教师评价
3	实验前准备工作	
4	实验操作规范	
5	实验完成质量	
6	关键操作要领掌握	
7	实验记录本使用情况	

一、细胞培养实验室生物安全

细胞培养实验室由于要操作和处理人或动物细胞和组织以及一些有危险性的溶剂和试剂，因而具有一些特殊的危险。其中，最常见的危险包括：注射器针头或者污染锐器、生物试剂泼溅到皮肤上、不确定的生物样本，以及吸入感染性气体挥发。细胞培养实验室中最重要的安全要素是严格遵守标准微生物学准则和技术要求。

按照国际规则，生物安全实验室按照研究对象的危险程度分为四类：BSL-1、BSL-2、BSL-3、BSL-4。BSL 是指 Biosafety Level，即生物安全等级。等级越高，意味着防护级别越强，就能研究具有更大传染性和危害性的病原体。不同级别的实验室需要不同级别的保护。根据各级实验室的安全设备和个体防护要求，又分为 P1、P2、P3、P4（P 代表英文 Protection，防卫和防护的意思）。实验室的等级不同，研究的对象也不同。

（1）P1 实验室　一般适用于对健康成年人无致病作用的微生物，这一级别的实验室适合比较熟悉的病原体。这些病原体不会经常引发健康成人疾病，对于实验人员和环境潜在危险很小。这一级别的生物实验室，基本不需要特别的安全设施。

（2）P2 实验室　适用于对人和环境有中等潜在危害的微生物，实验室人员均需要接受过病原体处理方面的特殊培训，并由有资格的科学工作者指导。细胞培养实验室一般属于该级别。

（3）P3 实验室　适用于主要通过呼吸途径使人感染上严重的甚至是致死疾病的致病性微生物或其毒素。在此安全标准下实验的病毒若因为暴露而吸入，会引发严重的、可能致死的疾病，但是面对此类型的病原体，人类仍有治愈方法。

（4）P4 实验室　研究对人体具有高度危险性、传播途径不明、目前尚无有效疫苗或治疗方法的致病性微生物或其毒素。P4 实验室被称为病毒学研究领域的"航空母舰"。

二、细胞培养实验室的设备

细胞培养实验室的具体要求主要取决于开展的研究类型。例如，专业从事癌症研究的哺乳动物细胞培养实验室与从事蛋白质表达工作的昆虫细胞培养实验室的需求相差甚大。

但是，所有细胞培养实验室都要求内部没有致病性微生物存在（即无菌），并且均有一些相同的细胞培养必需基本设备。

此部分列出了大多数细胞培养实验室共有的设备和用品，以及可使工作更为高效、准确或者可提高检测和分析范围的实用性设备。但并非无所不包，任何细胞培养实验室的需求均取决于其所开展的工作类型。

1. 超净工作台、生物安全柜

细胞培养实验室的主要要求是维持细胞培养工作区域处于无菌状态。尽管最好设置独立的组织培养室，但在较大的实验室内划出的细胞培养区域同样可用于无菌操作、孵育，以及细胞培养物、试剂和培养基的储存。获得无菌条件最为简单、经济的方式就是使用超净工作台或者生物安全柜。

超净工作台（见图2-1左）不属于生物安全柜，该设备可将过滤空气由工作台后方经工作台面吹向使用者，导致使用者可能接触到有潜在危害的物质。此设备只能为产品提供保护。超净工作台可用于某些洁净操作，例如，无菌或电子设备的无尘组装，不得用于操作细胞培养物质或药物配方以及可能具有传染性的物质。

生物安全柜（见图2-1右）大小应至少足够一人使用，内部和外部均易于清洁，具有充足的照明，使用舒适，不会导致体位不便。保持细胞培养通风橱内工作空间整洁有序，将所有物品置于直视范围内。向放入细胞培养通风橱内的所有物品喷洒75%乙醇，擦拭清洁，进行消毒。

图2-1 超净工作台（左）和生物安全柜（右）

超净工作台和生物安全柜的主要区别如下：

① 生物安全柜是往里面吸空气，防止生物病菌或试剂溅出安全柜污染实验室和实验员，主要用来保护人体。生物安全柜气流模式见图2-2（右）。而超净工作台是往外吹风，不考虑实验室和实验员，是保证试验台无菌环境的仪器。超净工作台气流模式见图2-2（左）。图2-2可见彩色插页。

② 生物安全柜是一种在微生物学、生物医学、基因重组、动物实验、生物制品等领域的科研、教学、临床检验和生产中广泛使用的安全设备，也是实验室生物安全中一级防护屏障中基本的安全防护设备。

③ 生物安全柜是一种负压的净化工作台，正确操作生物安全柜，能够完全保护工作人员、受试样品，并防止交叉污染的发生；而超净工作台只是保护操作对象而不保护工作人员和实验室环境的洁净工作台。因此，在微生物学和生物医学的科研、教学、临床检验和生产中，应该选择和使用生物安全柜，而不是超净工作台。

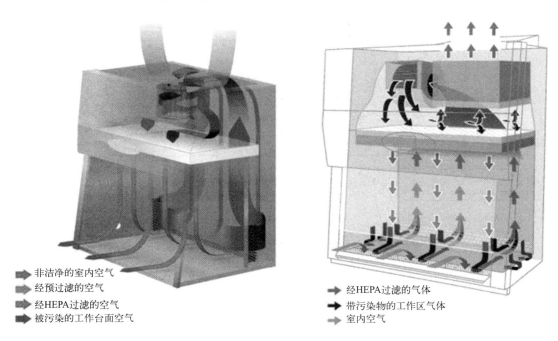

图2-2　超净工作台气流模式（左）和生物安全柜气流模式（右）

生物安全柜内物品的摆放一般遵循右手使用习惯（图2-3），并可根据特殊实验中增加的物品进行相应的改动。惯用左手的工作人员可相应地调整工作台上物品摆放位置。具体如下：
① 在生物安全柜中部开阔区域放置细胞培养容器；
② 移液器置于右前方易于取用的地方；
③ 试剂和培养基置于右后方，便于吸取；
④ 试管架置于中后部，用于固定其他试剂；
⑤ 小型容器置于左后部，用于盛放废液。

2．细胞培养箱

细胞培养箱又叫二氧化碳培养箱（见图2-4），作用是为细胞生长提供合适的环境。动物细胞培养的最适环境条件是37℃、5% CO_2。培养箱大小应足够满足实验室需要，具有强制空气循环，并且具有温度控制系统，可将温度波动控制在±0.2℃范围内。不锈钢培养箱易于清洁，耐腐蚀，尤其适合使用湿化空气进行培养的情况。虽然细胞培养箱的无菌性要求不如生物安全柜严格，但是必须经常对其进行清洁，以免培养的细胞受到污染。

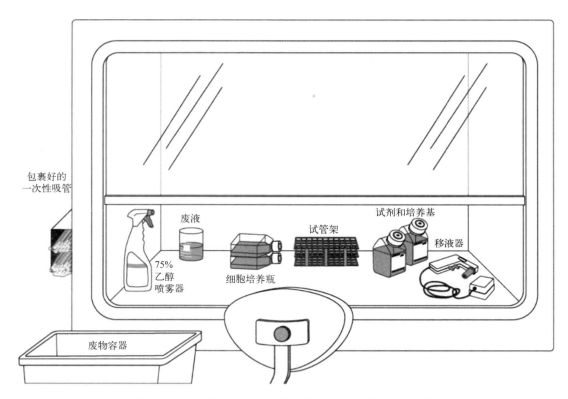

图 2-3　适合惯用右手的工作人员的生物安全柜基本布局

图 2-4　细胞培养箱

培养箱有两大类：水套式和直热式。水套式培养箱属于较老的技术，但在断电情况下它最能保持箱内状态。直热式培养箱可提供自动高温灭菌选项，但必须专门证明其有效性。在任何情况下，都需要使用风扇主动进行空气循环，以确保整个环境保持一致，并在箱门打开后能够快速恢复。为了保持细胞培养箱中的湿度，一般都会在其中放置一个水盘，这样可以防止细胞培养基的蒸发。

3. 恒温水浴锅

恒温水浴锅（见图 2-5）主要用于细胞复苏时，帮助冻存细胞快速解冻；以及温育细胞培养基、血清等试剂。

4. 台式离心机

台式离心机（见图 2-6）主要用于细胞培养过程中，离心收集细胞，可以使用 15 mL 和 50 mL 离心管。在使用离心机时要注意离心机的设置，比如转速、时间、温度等。收集不同细胞时，离心的条件会有所不同，例如，在离心一些免疫细胞，如 T 细胞、B 细胞等，由于这类细胞相对较小，在离心时可以适当提高离心速度或离心时间。在进行离心时要特别注意离心速度的设置，一般离心机的离心机转速单位分为 2 种：离心力（g），即重力加速度；每分钟转速（r/min）。其中 g 有时也会用相对离心力（RCF，relative centrifugal force）表示。

5. 冰箱和冰柜

（1）冰箱　对于小型细胞培养实验室，家用冰箱（最好是不含自动除霜冷冻室的冰箱，自动除霜会引起温度变化）即可供试剂和培养基于 2～8℃下存放之用，而且价格低廉。大型实验室，采用专供细胞培养的冷藏柜（见图 2-7 左）较为合适。应确保定期打扫冰箱或冷藏柜，以防污染。

（2）冰柜　大多数细胞培养试剂可于 −5℃至 −20℃下储存，因此，可以采用超低温冰柜（即 −40℃冰柜）存放多数试剂。与实验室冰柜相比，家用冰柜是一种较为经济的选择。尽管大多数试剂可耐受自动除霜（即自动解冻）冰柜内的温度波动，但是有些试剂（例如抗生素和酶）则应储存在无自动除霜功能的冰柜（见图 2-7 右）中。

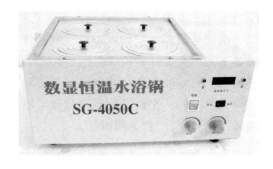

图 2-5　恒温水浴锅

图 2-6　台式离心机

图 2-7　4℃冷藏柜（左）和 −40℃冰柜（右）

学习情境二　实验设施和实验设备　019

6. 细胞计数器

细胞计数器（例如：全自动细胞计数仪或血球计数板）是定量监测细胞增殖动力学的必备工具。血球计数板（见图2-8左）是实验室最常见的细胞计数器，但是使用过程复杂，费时费力。实验室内如果同时培养多种细胞时，全自动细胞计数仪（见图2-8右）能够提供巨大的便利。全自动细胞计数仪可以准确测定细胞数量和活性（活细胞、死细胞和总细胞），且测定每个样品用时短。

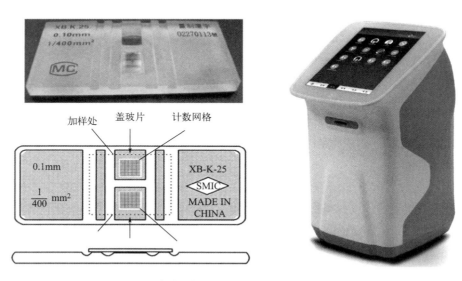

图2-8 血球计数板（左）和全自动细胞计数仪（右）

7. 倒置显微镜

倒置显微镜（见图2-9）主要用于细胞培养过程中对细胞生长状态的日常检测。

8. 液氮罐

随着传代次数的增加，连续培养的细胞系可能发生遗传不稳定，因此，必须准备工作细胞储备并将其存放于液氮罐中。不要将细胞长期存放于–80℃冰柜中，因为细胞存放于上述温度条件下活力会迅速降低。目前主要有两种液氮储存系统，即气相和液相储存系统，分别采用广口和细口储存容器。气相系统（见图2-10左）可降低冻存管爆炸危险，储存生物危害性物质时应使用该系统，液相系统（见图2-10右）通常具有更长的静态保温时间，因而更为经济。

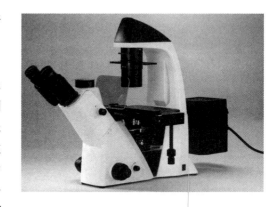

图2-9 倒置显微镜

9. 高压灭菌锅

细胞培养需要无菌操作，过程中有很多试剂和耗材需要进行灭菌处理。高压灭菌锅（见图2-11）可以对相关试剂耗材进行灭菌处理。

图2-10　气相液氮罐（左）和液相液氮罐（右）　　图2-11　全自动高压灭菌锅

三、试剂和耗材

1. 细胞培养容器

在细胞培养的实验操作中，经常需要使用培养瓶、培养皿、多孔板等培养容器进行细胞的培养。细胞培养容器分为玻璃制和塑料制。玻璃制容器的优点是易于清洗、消毒，可反复使用；缺点是易碎，清洗、包装、消毒费时费力，消毒不彻底容易引起细胞污染。塑料制容器的优点是一次性使用，厂家已消毒灭菌、密封包装，打开即可用于细胞培养操作。现代企业以使用塑料制容器为主，可以节约大量的人力、物力和时间，且质量有保证。

细胞培养瓶根据瓶盖的类型主要分为两类（见图2-12）：密封盖和透气盖。密封盖一次成型不带内垫，用于密闭培养（如昆虫细胞的培养），可保证其密闭性。旋松瓶盖时也可以用于开放培养。透气盖带有 0.2 μm 疏水滤膜，提供无菌气体交换，减少污染的风险，常用于开放培养，动物细胞在二氧化碳培养箱中进行的培养。

图2-12　塑料制细胞培养瓶

细胞培养皿（见图2-13）一般用于分离、处理组织或细胞毒性、集落形成、单细胞分离、细胞单克隆形成等实验使用。

学习情境二　实验设施和实验设备　　021

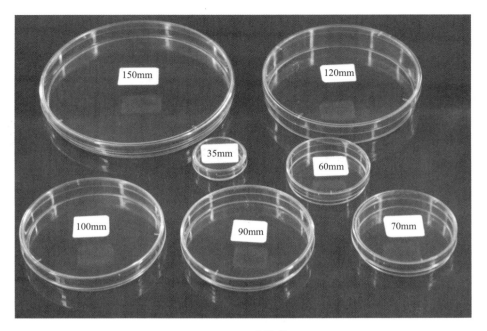

图2-13 细胞培养皿

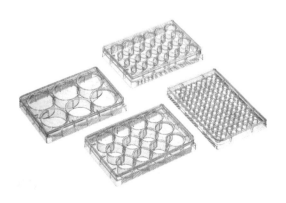

图2-14 细胞培养板

细胞培养板（见图2-14）依底部形状的不同可分为平底和圆底（U形和V形）；培养孔的孔数有6、12、24、48、96、384、1536孔等；根据材质的不同有Terasaki板和普通细胞培养板。

不同形状的培养板有不同用途。培养细胞，通常是选用平底的，这样便于镜下观测、有明确的底面积、细胞培养液面高度相对一致。要特别注意材质，标示"Tissue Culture（TC）Treated"是养细胞用的。

U形或V形板，一般在某些特殊要求时才使用。如在免疫学方面，当两种不同淋巴细胞混合培养时，需要二者相互接触刺激，这时一般会选用U形板，因为细胞会由于重力的作用而聚集在很小的范围内。圆底培养板还会用于同位素掺入的实验，需要用细胞收集仪收集细胞的培养，如"混合淋巴细胞培养"等。V形板常用作细胞杀伤、免疫学凝集实验。细胞杀伤这种实验也可用U形板替代（加入细胞后，低速离心）。

2. 吸管和移液器

细胞培养过程中的液体转移一般使用移液器。少量液体的转移使用微量移液器（见图2-15左），常用的有1000 μL、200 μL、100 μL、20 μL、10 μL、2.5 μL等规格。大量液体的转移使用电动移液器（见图2-15右），并配合使用不同量程的吸管进行移液操作，常用的吸管有1 mL、2 mL、5 mL、10 mL、25 mL、50 mL等规格。

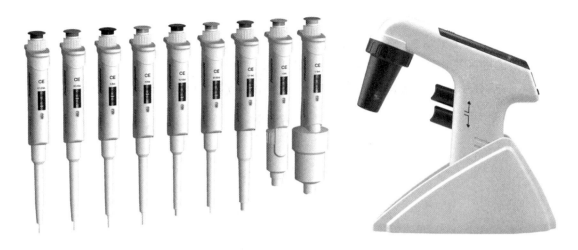

图2-15 微量移液器（左）和电动移液器（右）

3. 离心管和细胞冻存管

一般用于细胞培养的离心管都是大容量的，如 15 mL 和 50 mL 离心管（见图 2-16 左）。一般用于收集细胞以及配制部分小体积的溶液或试剂。

细胞冻存管（见图 2-16 右）主要用于低温运输与储存组织或细胞样本，是生物科研和医学领域的常用实验耗材之一。按实验要求，冻存管一般有 0.5 mL、1.0 mL、1.5 mL、1.8 mL、2.0 mL、4.0 mL、5.0 mL、7.0 mL、10.0 mL 等规格。普遍使用的生物样本冻存管为 2.0 mL 规格，根据需冻存样品量的大小来选择适当的冻存管，注意样本大小一般不超过冻存管的三分之二容积。

冻存管一般都由管帽、管体构成，分为内旋盖和外旋盖冻存管。其中内旋冻存管带硅胶垫，一般为液氮气相中冻存样品而设计，管口硅胶垫能有效增强冻存管的密封性。外旋冻存管一般为机械设备如冰箱中冻存样品而设计，不带硅胶垫，但外旋盖的螺纹盖同样可以降低处理样品时的污染概率。

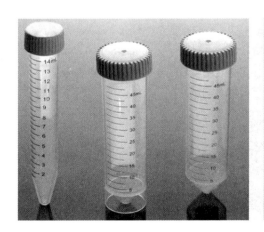
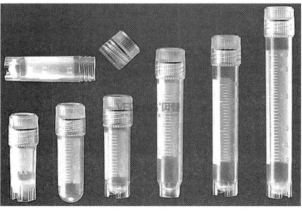

图2-16 离心管（左）和细胞冻存管（右）

学习情境二 实验设施和实验设备

4. 细胞消化液

　　细胞消化液（见图2-17）主要用于贴壁细胞传代过程中解离细胞，获得单细胞悬液。目前常用的细胞消化液主要有胰蛋白酶、EDTA细胞消化液等。现在也有一些生物试剂公司出品了一些作用相对温和的细胞消化液，如TrypLE™ Express、Accutase等。

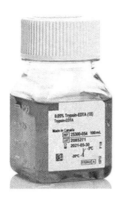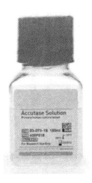

图2-17　细胞消化液：胰蛋白酶（左）、TrypLE™ Express（中）、Accutase（右）

5. 基础培养基

　　基础培养基（见图2-18）既是培养细胞中供给细胞营养和促使细胞增殖的基础物质，也是培养细胞生长和繁殖的生存环境。基础培养基主要由氨基酸、维生素、碳水化合物、无机离子等组成。使用基础培养基培养细胞时必须在其中加入一定量的血清才能保证细胞生长良好。

　　基础培养基根据成分可以分为很多种，如MEM（Minimum Essential Medium）、DMEM（Dulbecco's Modification of Eagle's Medium）、RPMI 1640（Roswell Park Memorial Institute 1640）、Ham's F-12（Ham's F-12 Nutrient Mixture）、McCoy's 5A（modified）[McCoy's 5A（modified）Medium]、IMDM（Iscove's Modified Dulbecco Medium）、Leibovitz's L（15-Leibovitz's L-15 Medium）等。培养不同的细胞所使用的基础培养基也不尽相同，应查阅相关资料，确保使用正确的基础培养基。

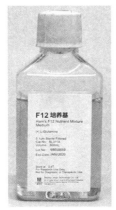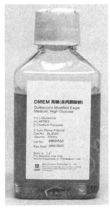

图2-18　基础培养基

6. 血清

血清在细胞培养中提供细胞生长所需的生长因子、激素、各种蛋白、促进贴壁和铺展的因子、细胞传代时蛋白酶抑制剂以及其他多种不明营养物质,以胎牛血清(fetal bovine serum,FBS)的使用最为普遍,其他血清类型还包括小牛血清、成牛血清、马血清、羊血清、鸡血清、兔血清等,其营养类型有很大差异,适用于不同类型细胞。由于血清含有促进细胞增殖和维持的大部分因子,它几乎是通用的生长添加物,一般不需要为每个细胞系优化培养基。

一般情况下都使用牛血清(见图2-19)进行细胞培养。牛血清分为3类:小牛血清、新生牛血清和胎牛血清。三者依据采集牛龄的不同来命名。胎牛是还未接触外界世界的母牛体内的牛,所以胎牛血清的免疫球蛋白含量应该是极少的,血清比较纯,培养细胞的效果最佳。依次是新生牛、小牛。

胎牛血清是在母牛怀孕5～8个月时,通过胎牛心脏穿刺采血获取的血清。新生牛血清(newborn calf serum)是来自刚出生至出生后2周内的新生牛静脉取血。小牛血清(calf serum)来自出生后2周至1年内的小牛静脉取血。三者所含的促细胞生长因子、促贴附因子、激素及其他活性物质等组分与比例不同。胎牛血清含有胚胎发育所必需的生长因子。一些生长因子到胎牛10个月时就消失了。

图2-19 牛血清

7. 抗生素

大多数实验室进行细胞培养时会使用抗生素(见图2-20),但是如果无菌操作技术掌握得很好,抗生素其实也不是必需的。多数抗生素在37℃时的半衰期都很短,培养基内实际的抗生素浓度要比你以为的低。

在细胞培养中使用抗生素可有效减少因污染造成的宝贵细胞、试剂、时间和精力的损失。在细胞/组织培养实验中,保持无菌条件和技术对实验至关重要。在培养细胞过程中,使用浓度适合的抗生素,可以防止污染以及污染引起的形态或生理变化。除了防止污染外,某些抗生素还用于筛选转染/基因修饰的细胞。

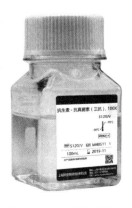

图2-20 细胞培养抗生素

四、无菌技术

细胞培养的成功很大程度上取决于保护细胞免受细菌、真菌和病毒等微生物的污染。非无菌物品、培养基和试剂，带有微生物的空气颗粒（例如，灰尘、芽孢、皮屑、喷嚏），不干净的培养箱，以及污染的工作台面均是导致微生物污染的来源。

无菌技术的作用是在环境微生物与无菌细胞培养物之间形成一道屏障，它通过一套操作流程来降低培养物被上述污染源污染的可能。无菌技术的组成要素包括：无菌工作区域、良好的个人卫生、无菌试剂和培养基以及无菌操作。

1. 无菌工作区域

最为简单、经济地减少空气颗粒和气体挥发污染的方法就是采用生物安全柜。

① 生物安全柜应正确设置，放置于专门用于细胞培养的区域，同时要避免来自门、窗及其他设备的气流，不能有直接的来往通道。

② 工作台面应保持整洁，只放置特定实验所需的物品；不能用作储存区域。

③ 使用前后均应彻底消毒工作台面，周围区域和设备应定期清洁。

④ 常规清洁时，工作前和工作过程中，特别是发生泼溅后，应使用 75% 乙醇擦拭工作台面。

⑤ 使用完毕后，可用紫外灯对生物安全柜内空气和暴露在外的工作台面进行消毒。

⑥ 在生物安全柜内不需要也不建议使用煤气灯或酒精灯火焰。

⑦ 生物安全柜应始终保持运转，长时间不使用时方可关闭。

2. 良好的个人卫生

操作细胞培养物前后应洗手。穿戴个人防护设备不仅可保护您免受危险品污染，还可降低皮屑以及衣服上污物和灰尘污染培养物的可能。

3. 无菌试剂和培养基

商品化试剂和培养基经过严格的质量控制以确保其无菌性，但是在操作过程中这些产品可能被污染。应遵循以下无菌操作原则以免污染。必须采用适当的灭菌方法（例如，高压蒸汽、无菌过滤）对实验室中配制的所有试剂、培养基和溶液进行灭菌。

4. 无菌操作

① 必须用 75% 乙醇擦拭双手和工作区域。

② 在将容器、培养瓶、培养板和培养皿放入细胞培养通风橱之前，必须用 75% 乙醇擦拭其外部。

③ 不要从试剂瓶或培养瓶中直接倾倒培养基和试剂。

④ 使用无菌玻璃吸管或一次性塑料吸管和移液器操作液体；每支吸管只能使用一次，以免交叉污染。使用时方可打开无菌吸管的包装。吸管应始终位于工作区域内。

⑤ 试剂瓶和培养瓶用后必须盖上，用胶带将多孔板密封起来或者将其放入重复密封袋中，以免微生物和空气污染物进入，污染培养物。

⑥ 无菌培养瓶、试剂瓶、培养皿等物品使用时方可揭开盖子，不得将其开放暴露于环境中。操作完成后尽快盖上盖子。

⑦ 取下盖子时应将盖子开口朝下放在工作台面上。

⑧ 必须使用无菌玻璃器皿和其他设备。

⑨ 进行无菌操作时不要说话、唱歌或者吹口哨。

⑩ 尽快完成实验，以尽量避免污染。

无菌技术核对见表2-7～表2-10。

表2-7 工作区域核对

工作区域	完成情况
细胞培养通风橱设置是否正确？	
细胞培养通风橱所在区域有无气流和直接出入通道？	
工作台面是否整洁？是否仅仅放置了实验所需的物品？	
开始工作前用75%乙醇擦拭工作台面了吗？	
是否定期对培养箱、冰箱、冰柜及其他实验室设备进行清洁和消毒？	

表2-8 个人卫生核对

个人卫生	完成情况
洗手了吗？	
穿戴个人防护设备了吗？	
如果留了长发，把头发扎在后面了吗？	

表2-9 试剂和培养基核对

试剂和培养基	完成情况
采用适当的方法对实验室中配制的所有试剂、培养基和溶液进行灭菌了吗？	
在将容器、培养瓶、培养板和培养皿放入工作台面之前，用75%乙醇擦拭其外部了吗？	
是用移液器操作液体吗？	
是否有试剂外观浑浊？是否被污染了？试剂中有漂浮颗粒吗？有难闻气味吗？有颜色异常吗？如果出现上述情况，是否已对其进行去污并丢弃？	

表2-10 操作过程核对

操作过程	完成情况
操作时是否缓慢、谨慎、注意无菌技术？	
在将移液器、试剂瓶和培养瓶放入细胞培养通风橱之前，用75%乙醇擦拭其表面了吗？	
是否将盖子口朝下放置在工作区域？	
是使用无菌玻璃吸管或者一次性无菌塑料吸管操作液体吗？	
无菌吸管是否仅仅使用一次以免交叉污染？	
是否注意到避免使吸管尖端触碰到任何非灭菌物品包括瓶口螺纹的外缘？	
发生液体泼溅时是否立即吸干并用75%乙醇擦拭该区域？	

学习情境二　实验设施和实验设备　**027**

学习情境三
细胞的复苏与冻存

情境描述

项目开始前的准备工作已经完成,下面将进入实验项目环节。实验项目环节的第一步就是复苏需要进行检测的细胞系 NCI-H1975。

学习目标

(1) 理解细胞复苏的原理,细胞冻存和复苏的本质。
(2) 掌握液氮的性质,液氮罐使用的规则和注意事项。
(3) 把握细胞复苏的实验流程及操作要点。
(4) 了解细胞的冻存流程以及注意事项。

任务书

经过学习情境二的学习,已经完成了实验前的准备工作,现在开始进行项目的实施环节。在开始实施之前,你需要搜集一些 NCI-H1975 细胞培养的信息,如使用基础培养基类型、使用的血清浓度、细胞生长形态、细胞生长速度等。了解相关信息后,完成 NCI-H1975 细胞的复苏工作。

任务分组

完成分组和任务分工,填写表3-1。

表3-1 任务分组表

班级		组号		指导老师	
组长		学号			
组员	姓名	学号		姓名	学号
任务分工					

工作计划

根据获得的信息，制订 NCI-H1975 细胞复苏和冻存的实验计划，计划包括实验设备、实验试剂和耗材准备工作，填写表 3-2、表 3-3。

表3-2 实验设备

序号	实验设备名称	型号与厂家
1		
2		
3		
4		
5		
6		
7		
8		

学习情境三 细胞的复苏与冻存 **029**

表 3-3　实验试剂和耗材

序号	实验试剂和耗材	货号与厂家
1		
2		
3		
4		
5		
6		
7		
8		

 任务实施

[?] 引导问题 1：液氮的特性有哪些？

[?] 引导问题 2：使用液氮的注意事项有哪些？

[?] 引导问题 3：细胞系 NCI-H1975 需要使用什么培养基进行培养？需要使用什么样的血清？血清使用浓度为多少？细胞生长速度和状态如何？

[?] 引导问题 4：ATCC 是什么英文单词的缩写？请简要介绍 ATCC。

[?] 引导问题 5：复苏细胞时，将细胞冻存管从液氮罐中取出时为什么最好先于干冰或 −80℃冰箱中静置 5 ～ 10 min，而不是直接放入水浴锅中进行解冻？

[?] 引导问题 6：细胞解冻时，为什么要快速完成？

[?] 引导问题 7：细胞复苏完成并转移到细胞瓶中之后，需要对细胞瓶进行标注，标注主要包括哪些内容？

[?] 引导问题 8：简述复苏 NCI-H1975 细胞的实验流程。

[?] 引导问题 9：为什么要进行细胞的冻存？

[?] 引导问题 10：冻存细胞时，一般使用什么保护剂？选择什么时期的细胞？

[?] 引导问题 11：细胞的短期保存如何处理？长期保存如何处理？

[?] 引导问题 12：简述冻存 NCI-H1975 细胞的实验流程。

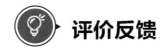 **评价反馈**

各组代表展示实验结果,介绍实验的过程。填写表 3-4～表 3-6。

表 3-4　学生自评表

任务	完成情况记录
任务是否按计划时间完成	
相关理论完成情况	
实验设备准备情况	
实验试剂准备情况	
细胞复苏实验流程掌握情况	
细胞冻存实验流程掌握情况	
实验记录本使用情况	

表 3-5　学生互评表

序号	评价项目	小组内互评
1	任务是否按时完成	
2	实验记录本使用情况	
3	动手能力	
4	小组合作情况	
5	细胞复苏实验流程掌握情况	
6	细胞冻存实验流程掌握情况	

表 3-6　教师评价表

序号	评价项目	教师评价
1	学习准备	
2	引导问题填写	
3	实验前准备工作	
4	实验操作规范	
5	实验完成质量	
6	关键操作要领掌握	
7	实验记录本使用情况	
8	细胞复苏实验结果展示汇报	
9	细胞冻存实验结果展示汇报	

一、液氮罐的使用

使用液氮罐（见图3-1）时要注意使用个人防护装备：防冻手套、护目镜、防护服等。

图3-1 液氮罐

一般所培养的细胞都是保存在液氮储存容器（如各种液氮罐）中。

液氮是一种特殊的工业制成品，在畜牧品种改良工作中，液氮是精液及胚胎的主要冷冻储存媒介。在实际生产中，发现由于一些技术员对液氮及液氮生物容器的特性不了解，而造成的不合理使用现象严重，易造成液氮的浪费，增加生产成本，严重的还可能发生伤人事故。下面就液氮及液氮储存罐在使用过程中的几个常见问题介绍如下。

1. 液氮的来源

液氮来源于空气。空气中所含主要气体分为氧气和氮气，其中，氮气约占空气的78.09%。氮的分子量为28.0134，比空气略轻，液氮即为液化的氮气。

2. 液氮的特性

液氮是由氮气压缩冷却而来，其理化性质比较特殊。主要特性如下：

（1）超低温性 液氮的沸点为零下196℃，液氮每升重量为808 g，液氮冷却到零下210℃时，将变成霜雪状的固态氮。液氮这一超低温特性能抑制精子和胚胎等生物体的代谢能力，科学家根据这一特性，用来长期保存精液及胚胎。其最大优点是可长期保存冻精，使用不受时间、地域以及种用雄性动物寿命的限制。

（2）渗透性 液氮的渗透性很弱。但当皮肤接触液氮时，还是会被冻伤。

（3）膨胀性 液氮是由氮气压缩冷却制成，其汽化时就恢复为氮气。据测定，每升液氮汽化，温度上升15℃，体积膨胀约为180倍，1 L液氮在标准大气压下汽化成683 L 0℃的氮气。

（4）窒息性　氮气本身不致人窒息，但在一定空间内，如果氮气过多而隔绝了氧气，操作者也会引起窒息。据测定，10 kg液氮在10 m³的室内瞬间蒸发，可使空间氧气突然降到13%，造成空间缺氧。在此条件下，能引起人窒息乃至死亡。

3. 液氮使用注意事项

① 液氮是低温制品，在使用过程中要防止冻伤。

② 在液氮中操作及存取冷冻物品时速度要快，要注意轻拿轻放，以免内容物解冻，造成不必要的损失。

③ 在使用和储存液氮的房间内，要保持通风良好，以避免空间缺氧，造成窒息。

④ 由于液氮不具杀菌性，故接触液氮的用具要注意消毒。

⑤ 液氮罐在运输过程中一定要固定好，以防震动和倒翻。

⑥ 液氮储存在液氮罐中时，要注意将液氮罐口保留一定缝隙，否则由于液氮汽化时气体无法及时排出，极易造成爆炸事故。一般液氮罐的盖塞都留有一定的缝隙，在使用时千万不要人为将其堵塞。

⑦ 使用液氮罐长期储存物品时，要注意及时补充液氮。液氮液面以不低于冷藏物品为宜。检查液氮储存量时，可使用称重法或手电筒照射法，亦可用细木、竹竿插入液氮罐中视其结霜高度（等于液面高度）的方法。但切勿用空心管插入，以免液氮从管内冲出飞溅伤人。

二、NCI-H1975 细胞的复苏

1. NCI-H1975 细胞的相关信息

NCI-H1975 细胞信息见表3-7，细胞生长情况见图3-2。

表3-7　人肺腺癌细胞NCI-H1975信息

名称	NCI-H1975（人肺腺癌细胞）
种属	人
组织来源	器官：肺；疾病：腺癌、非小细胞肺癌
生长特性	贴壁细胞
细胞形态	上皮细胞样
背景描述	NCI-H1975细胞于1988年7月从一名女性（无抽烟史）非小细胞肺腺癌组织中分离得到
生长培养基	RPMI-1640 ＋ 10% FBS
推荐传代比例	1：3～1：6
倍增时间	28～45 h
冻存条件	冻存液：85%基础培养基+5%DMSO+10%FBS；储存液：液氮
培养条件	气相：空气，95%；CO_2，5%；温度：37℃
保藏机构	美国模式培养物集存库；CRL-5908

ATCC货号：CRL-5908™
名称：NCI-H1975

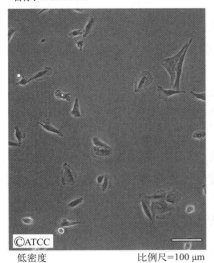
低密度　　　　　　　比例尺=100 μm

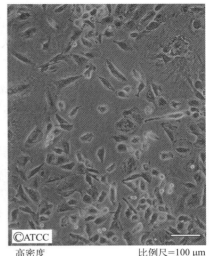
高密度　　　　　　　比例尺=100 μm

图3-2　NCI-H1975细胞生长情况

2. 美国模式培养物集存库

美国模式培养物集存库（American type culture collection，ATCC）成立于1925年，是世界上最大的生物资源中心，由美国14家生化、医学类行业协会组成的理事会负责管理，是一家全球性、非营利生物标准品资源中心。ATCC向全球发布其获取、鉴定、保存及开发的生物标准品，推动科学研究的验证、应用及进步。ATCC现已成为可信赖的活体微生物、细胞系等获得、保存和发放的国家资源中心。ATCC有29000多种不同品系可靠的动物细胞和微生物培养体，它能满足各科学团体对可信赖品系的需要。

3. 复苏NCI-H1975细胞的实验设备、试剂和耗材

（1）所需实验设备　液氮罐；生物安全柜；细胞培养箱；恒温水浴锅；台式离心机；倒置显微镜。

（2）所需实验试剂和耗材　基础培养液RPMI-1640；胎牛血清（FBS）；平衡盐溶液PBS；细胞培养瓶；50 mL离心管。

4. 复苏NCI-H1975细胞的实验流程

注：细胞复苏的全部过程应时刻注意无菌操作。

① 从液氮保存罐中取出冻存的NCI-H1975细胞，并置于干冰或-80℃冰箱中静置5～10 min。

注：当冻存的细胞从液氮罐中取出时，冻存管中可能会渗入少量的液氮，如果直接放入37℃的水浴锅中进行解冻，由于液氮的快速升温体积迅速膨胀可能会引起冻存管的爆炸。取细胞的过程中注意戴好防冻手套、护目镜。

② 将静置后的细胞冻存管放入37℃的水浴中，快速摇晃，直至冻存液完全溶化。

注：细胞冻存液中一般都含有二甲基亚砜（DMSO），在常温下DMSO对细胞的毒副作用较大，因此，必须在1～2 min内使冻存液完全溶化。如果复苏速度太慢，会造成细

胞损伤。

③ 将溶解得到的细胞悬液移入 50 mL 离心管中，并缓慢加入 10 mL 培养液，将离心管放入离心机中，1000 r/min 离心 5～10 min。

注：细胞解冻后 DMSO 浓度较高，加入少量培养液可稀释其浓度，以减少对细胞的损伤。

④ 离心结束后，弃去上清液，保留细胞沉淀。

⑤ 用完全培养液（RPMI-1640+10%FBS）混悬细胞沉淀，将细胞沉淀吹散成单细胞，并转移到细胞培养瓶中。

注：细胞转入细胞瓶中以后要对细胞瓶进行标注，标注的内容有细胞的名称、所使用的培养基、细胞复苏的日期、细胞代次、细胞复苏人员等信息。这些标注信息会在后续的细胞培养中帮助我们更好地管理和识别。

⑥ 将标注好的细胞培养瓶转移到细胞培养箱中培养。

⑦ 第二天在显微镜下观察细胞生长情况。

注：细胞的生长状态分为贴壁生长和悬浮生长两类。大多数细胞为贴壁依赖性细胞，必须附着于固体或半固体基质上培养（贴壁培养或单层培养，见图 3-3 上），而另一些细胞则可在培养基中漂浮生长（悬浮培养，见图 3-3 下）。由于 NCI-H1975 是贴壁生长的细胞系，因此需要在第二天观察细胞是否贴壁生长，如果细胞没有贴壁生长则说明细胞出现了问题，不能够继续使用。

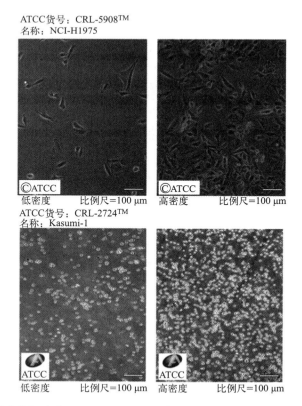

图 3-3 贴壁生长细胞（NCI-H1975，上图）和悬浮生长细胞（Kasumi-1，下图）

5. 冻存 NCI-H1975 细胞的实验设备、试剂和耗材

（1）所需实验设备　液氮罐；生物安全柜；细胞培养箱；台式离心机；倒置显微镜；-80℃冰箱；细胞计数器（血球计数板）；程序降温盒。

（2）所需实验试剂和耗材　基础培养液 RPMI-1640；胎牛血清（FBS）；平衡盐溶液 PBS；二甲基亚砜（DMSO）；细胞培养瓶；50 mL 离心管；细胞冻存管。

6. 冻存 NCI-H1975 细胞的实验流程

连续培养的细胞系容易发生遗传漂变；有限细胞系必定会衰老；所有细胞培养物都容易受到微生物污染；即使是运营状态最佳的实验室也可能出现设备故障。由于已建立的细胞系是一种宝贵资源，并且其更换昂贵且耗时，将其冷冻以进行长期储存至关重要。

如果细胞不再使用时或者有富余细胞时，应尽快将其作为种细胞储备进行冻存及保管。冷冻保存培养细胞的最佳方法是在含有二甲基亚砜（DMSO）等冷冻保护剂的情况下，将其储存在完全培养基的液氮中。冷冻保护剂可降低培养基的凝固点，同时可降低冷却速度，从而大大降低了晶体形成的风险，因为晶体会损伤细胞并导致细胞死亡。

① 将 NCI-H1975 细胞培养至对数生长期。

注：这个时期的细胞状态最好，适于进行细胞的冻存。细胞的生长分为潜伏期、对数生长期、平台期和衰亡期，详细信息见学习情境四。

② 配制冻存溶液（使用前配制）：取 50 mL 离心管，加入培养液、血清，逐滴加入二甲基亚砜（DMSO）至 5% 浓度，置于室温待用。

注：不同细胞其冻存条件也不尽相同，可以在 ATCC 网站上查阅相关信息，确定细胞的冻存条件，主要是 DMSO 和血清的使用量。NCI-H1975 细胞的冻存条件见表 3-7。

③ 收集培养好的 NCI-H1975 细胞，并用完全培养基重悬细胞，取少量细胞悬浮液（约 0.1 mL）计数细胞浓度及测定细胞存活率。

注：细胞浓度和存活率的测定可以使用血球计数板，详细信息见学习情境四。

④ 确定好细胞数目和存活率后，离心收集细胞并弃去上清液。

⑤ 加入步骤②配制好的细胞冻存液，并吹打重悬细胞形成单细胞悬液。分装于已标记好的细胞冻存管中，每管 1～2 mL，并注明细胞名称、代数、冻存日期等。

注：根据确定后的细胞数目加入细胞冻存液，一般将细胞的浓度调整为 1×10^6～5×10^6 个/mL。

⑥ 将需要冻存的细胞置于程序降温盒（见图 3-4）中，随后放入 -80℃ 冰箱中过夜。第二天将冻存的细胞转移到液氮罐中，并做好位置记录。

注：细胞在液氮中可长期冻存无限时间，而不会影响细胞活力，在 -80℃ 可保存数月。

图 3-4　程序降温盒

学习情境四
细胞的传代培养与观察

情境描述

我们已经完成了学习情境三，下面要继续培养该细胞，使其恢复到最好的细胞状态，从而用于后续的药效评价实验。

学习目标

（1）了解何为传代培养，以及何时进行传代培养。
（2）了解细胞的常规观察。
（3）掌握贴壁细胞传代培养的操作流程。
（4）掌握细胞数目和细胞存活率的测定。

任务书

我们已经完成了 NCI-H1975 细胞的复苏并置于细胞培养箱中进行培养。接下来需要继续对细胞进行观察和传代培养。需要将复苏的细胞进行 2～3 次的传代培养，并保证在此期间不会被污染，使细胞达到一个良好的状态，用于后续的细胞筛选实验。

任务分组

完成分组和任务分工，填写表 4-1。

表 4-1 任务分组表

班级		组号		指导老师	
组长		学号			

续表

组员	姓名	学号	姓名	学号

任务分工	

工作计划

根据获得的信息,制订细胞筛选实验的计划,包括实验仪器、实验试剂等的准备工作,填写表 4-2～表 4-5。

表 4-2　细胞传代培养的实验操作流程

步骤	工作内容	结果
1		
2		
3		
4		
5		
6		
7		
8		
9		
10		

表 4-3 血球计数板的使用操作流程

步骤	工作内容	结果
1		
2		
3		
4		
5		
6		
7		
8		
9		
10		

表 4-4 实验所需仪器

序号	实验仪器名称	型号与厂家
1		
2		
3		
4		
5		
6		
7		
8		

表 4-5 实验所需试剂

序号	实验试剂名称	货号与厂家
1		
2		
3		
4		
5		
6		
7		
8		

任务实施

[?] 引导问题1：细胞的常规观察包括哪些内容？

[?] 引导问题2：细胞生长的形态分为哪几类？各自的特点是什么？

[?] 引导问题3：细胞生长周期分为哪几个阶段？各自的特点是什么？

[?] 引导问题4：细胞的生物污染包括哪些类型？

[?] 引导问题5：在什么情况下细胞需要进行传代培养？

[?] 引导问题6：简述贴壁细胞传代的实验流程。

[?] 引导问题7：简述悬浮细胞传代的实验流程。

[?] 引导问题8：使用细胞瓶培养细胞时，为什么要使用透气性瓶盖的细胞培养瓶？

学习情境四　细胞的传代培养与观察　　**041**

? 引导问题 9：细胞传代培养时，在加入胰酶进行细胞解离前，为什么需要使用 PBS 冲洗细胞？

? 引导问题 10：血球计数板的计数池分为哪两类？

? 引导问题 11：血球计数板分为 9 个大格，每个格子的体积是多少？

? 引导问题 12：使用台盼蓝进行染色时，其染色的机制是什么？活细胞和死细胞各被染成什么颜色？

? 引导问题 13：血球计数板进行细胞计数时的计数规则是什么？

? 引导问题 14：血球计数板进行细胞计数时的计算公式是什么？

? 引导问题 15：台盼蓝进行细胞存活率测定时的计算公式是什么？

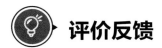

评价反馈

各组代表展示实验结果，介绍实验的过程。填写表 4-6 ~ 表 4-8。

表4-6　学生自评表

任务	完成情况记录
任务是否按计划时间完成	
相关理论完成情况	
技能训练情况	
实验设备、试剂和耗材准备情况	
细胞常规观察掌握情况	
贴壁细胞传代实验流程掌握情况	
悬浮细胞传代实验流程掌握情况	
细胞数目和存活率测定实验流程掌握情况	
实验记录本使用情况	

表4-7　学生互评表

序号	评价项目	小组内互评
1	任务是否按时完成	
2	实验记录本使用情况	
3	动手能力	
4	小组合作情况	
5	细胞常规观察掌握情况	
6	贴壁细胞传代实验流程掌握情况	
7	悬浮细胞传代实验流程掌握情况	
8	细胞数目和存活率测定实验流程掌握情况	

表4-8　教师评价表

序号	评价项目	教师评价
1	学习准备	
2	引导问题填写	
3	实验前准备工作	
4	实验操作规范	
5	实验完成质量	
6	关键操作要领掌握	
7	实验记录本使用情况	
8	细胞常规观察结果展示汇报	
9	贴壁细胞传代结果展示汇报	
10	悬浮细胞传代结果展示汇报	
11	细胞数目和存活率测定结果展示汇报	

一、细胞的常规观察

　　细胞复苏或传代以后,需要每天对细胞做常规观察检查,观察细胞形态和生长情况以及培养基的 pH 变化、有无污染等。根据细胞每天动态变化,进行更换培养基或传代处理,如发现细胞污染等异常情况应及时采取措施。

1. 细胞形态

　　根据细胞的生长状态可将细胞分为贴壁型细胞和悬浮型细胞。贴壁型细胞必须贴附于底物才能正常生长,如细胞培养瓶底面;悬浮型细胞培养时不贴附于底物而呈悬浮状态生长。对细胞形态的观察仅限于贴壁型细胞。生长状态良好的贴壁型细胞,在一般显微镜下观察时可见,细胞透明度大、折光性强、轮廓不清。细胞生长不良时,轮廓增强,胞质中常出现空泡、脂滴和其他颗粒状物,细胞之间空隙加大,细胞形态可变得不规则甚至失去原有特点。

　　根据贴壁型细胞的形状和外观(即形态),可将其分为四大类(见图 4-1):成纤维型细胞、上皮型细胞、游走型细胞和多形性细胞。

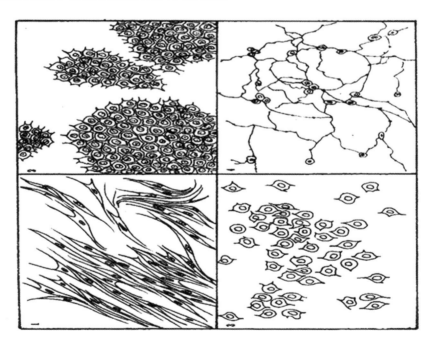

图 4-1　细胞的形态:上皮型细胞(左上),成纤维型细胞(左下),
多形性细胞(右上),游走型细胞(右下)

　　(1)成纤维型细胞　在培养中的细胞凡形态与成纤维细胞类似时,皆可称为成纤维型细胞。该型细胞由于形态与体内成纤维细胞的形态相似而得名,细胞在支持物表面呈梭形或不规则三角形生长,细胞中央有卵圆形核,胞质向外伸出2～3 cm长短不同的突起,除真正的成纤维细胞外,凡由中胚层间质起源的组织细胞常呈该类形态生长。

(2)上皮型细胞 此类型细胞在培养器皿支持物上生长,具有扁平不规则多角形特征,细胞中央有圆形核,细胞紧密相连单层膜样生长。起源于内、外胚层细胞如皮肤、表皮衍生物、消化管上皮等组织细胞培养时,皆呈上皮型形态生长。

(3)游走型细胞 该型细胞在支持物上散在生长,一般不连成片。细胞质经常伸出伪足或突起,呈活跃地游走或变形运动,速度快且不规则。该型细胞不很稳定,有时亦难和其他型细胞区别。在一定的条件下,由于细胞密度增大连成片后,可呈类似多角形或成纤维细胞形态。

(4)多形性细胞 除上述三种细胞外,还有一些组织和细胞,如神经组织的细胞等,难以确定它们的稳定形态,可统归为多形性细胞。

细胞不同,其细胞形态也有差别,可以根据细胞的形态对培养的细胞情况进行初步的判断。如已知某一细胞的形态是上皮型,如果观察正在培养的细胞是呈纤维型,则说明正在培养的细胞可能不是我们想要培养的细胞,出现了错误标注或交叉污染的情况。

2. 细胞生长

培养细胞生长的一代生存期是指从细胞接种到分离再培养时的这一段时间,这已成为细胞培养工作中的一种习惯说法,它与细胞倍增一代非同一含义。细胞传一代有可能倍增3～6代。细胞传代可以理解为将细胞从一个培养瓶转移到另一培养瓶内生长的过程。

细胞复苏或传代培养以后,可以根据细胞在培养瓶中的生长状态分为4个阶段(见图4-2):潜伏期、对数生长期、平台期和衰亡期。

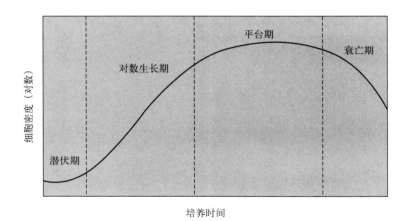

图4-2 细胞生长曲线

潜伏期:细胞刚开始适应环境,所以生长并不旺盛,生长曲线基本呈平线状。

对数生长期:细胞适应了环境,生长旺盛,生长速度极快,细胞数量呈倍数增长,生长曲线陡然上升。

平台期:细胞长满瓶壁后,细胞虽有活力但不再分裂。这一情况主要是受细胞接触抑制所控制。接触抑制是将多细胞生物的细胞进行体外培养时,分散贴壁生长的细胞一旦相互汇合接触,即停止移动和生长的现象。细胞增殖到一定程度,也就是互相挨在一起的时候,糖蛋白识别了这种信息,就会使细胞停止继续繁殖,这种现象就叫作接触抑制。

衰亡期:培养基消耗殆尽,细胞代谢废物积累,导致细胞大量死亡,生长曲线陡然下降。

细胞长满瓶壁后,应及时进行传代培养,否则由于营养物消耗和代谢积累,细胞即会衰亡。

3. 营养液

正常情况下,培养液呈桃红色。如果细胞维持在 pH 6.5~6.6 条件下,细胞会脱落死亡。当培养液酸化变黄时,说明培养液中代谢产物已堆积到一定量,需要更换新鲜培养液。更换营养液的时间,可依营养物的消耗而定,细胞生长旺盛时 2~3 天换一次,生长缓慢时,3~4 天亦可。要特别注意各种细胞对 pH 要求是不一样的。

4. 生物污染

生物污染是细胞培养实验室中最常见的问题,会造成非常严重的后果。细胞生物污染主要包括如下几类:细菌、霉菌、酵母菌、病毒和支原体,以及其他细胞系的交叉污染等。虽然污染无法完全消除,但可以通过全面了解其来源并遵循良好的无菌技术要求来降低污染的发生频率和严重性。

细菌污染(见图 4-3)在培养物感染后几天内就很容易被肉眼观察到;受感染的培养物通常会变得浑浊,有时表面会有一层薄膜。经常还会出现培养基的 pH 突然下降的情况。在低倍显微镜下,细菌以细小颗粒的形式出现在细胞之间,在高倍显微镜下观察可以分辨出单个细菌的形状。

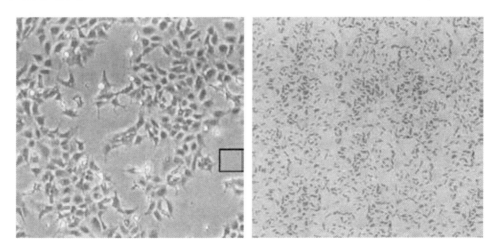

图 4-3 被大肠埃希菌污染的贴壁 293 细胞的模拟相差图像

在低倍显微镜下,贴壁细胞之间有一些发亮的微小颗粒,但单个细菌不易区分(左)。进一步放大黑色正方形框出的区域后,可以显现出单个大肠埃希菌细胞

酵母菌是真菌界的单细胞真核微生物,大小从几微米(常见)到 40 μm(罕见)不等。与细菌污染一样,被酵母菌污染的培养物会变得浑浊,尤其是在污染的后期。被酵母菌污染的培养物,其 pH 几乎没有变化,通常直到污染严重时,pH 才会升高。在显微镜下,酵母菌呈单个卵球形或球形颗粒,可能还会出芽产生更小的颗粒(见图 4-4)。

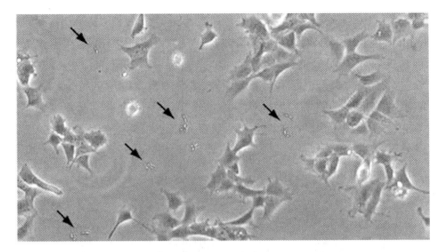

图4-4 被酵母菌污染的贴壁293细胞培养物的模拟相差图像

酵母细胞呈卵球形颗粒，增殖时会出芽产生更小的颗粒

霉菌是真菌界的真核微生物，以多细胞丝状体生长，称为菌丝。这些多细胞丝状体构成的交联网络含有遗传性相同的细胞核，被称为集落或菌丝体。与酵母菌污染相似，培养物的pH在污染初期保持稳定，然后随着培养物感染程度加剧而迅速增加，并变得浑浊。在显微镜下，菌丝体通常呈细长的丝状体，有时呈密集的孢子团（见图4-5）。许多种霉菌的孢子在休眠阶段能够耐受极其恶劣和不宜生长的环境，当其遇到合适的生长条件时才会被激活。

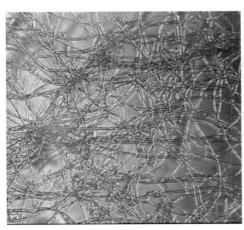
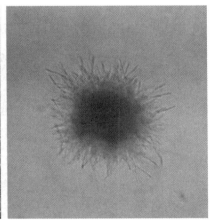

图4-5 细胞霉菌污染

病毒是一种微小的感染性病原体，利用宿主细胞的结构进行繁殖。它们的体积极小，难以在培养中被检测到，也难以从细胞培养实验室使用的试剂中去除。由于大多数病毒对宿主有非常严格的要求，因此，它们通常不会对宿主以外物种的细胞培养物产生不良影响。但被病毒感染的细胞培养物会对实验室人员造成严重的健康威胁，尤其是当实验室培养的是人类或灵长类的细胞时。要检测细胞培养物是否被病毒感染，可以使用电子显微镜观察、用抗体组合进行免疫染色、ELISA检测或是使用合适的病毒引物进行PCR扩增。

支原体是无细胞壁的简单细菌,被认为是最小的自我复制生物。由于支原体非常小(通常小于 1 μm),因此很难被检测到,除非它们达到了极高的密度,导致细胞培养物变质;在此之前,通常没有明显的感染迹象。一些生长缓慢的支原体可在培养物中持续存活,而不会导致细胞死亡,但它们可以改变培养体系中宿主细胞的行为和代谢。慢性支原体感染的可能表现包括:细胞增殖率降低、饱和密度下降以及悬浮培养物凝集。检测支原体污染的可靠方法是通过使用荧光染色(例如 Hoechst33258 染色)、ELISA、PCR、免疫染色、放射自显影或微生物测定法定期检测培养物(见图4-6)。

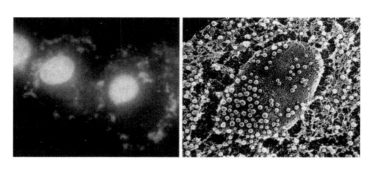

图4-6　细胞支原体污染

荧光染色法显示染色体,细胞周围亮点为支原体(左),
扫描电镜显示支原体,附于细胞表面众多的圆形颗粒为支原体(右)

细胞交叉污染是指不同的细胞混杂在一起(见图4-7)。定期检查细胞系的特性,并进行无菌技术操作,这些做法都有助于避免交叉污染。DNA 指纹图谱分析、核型分析和细胞亚型分析可以确定细胞培养物中是否存在交叉污染。

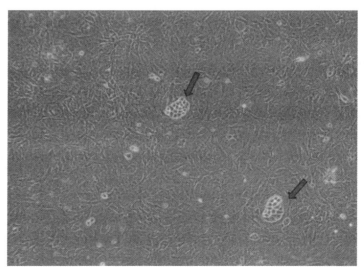

图4-7　细胞交叉污染

箭头指示的细胞明显与其他细胞的形态有差异,是交叉污染的其他细胞

除上述细胞污染外,还有黑胶虫污染等其他污染情况。

二、NCI-H1975 细胞的传代培养

当细胞在培养瓶中长满后就需要将其稀释分成多瓶，细胞才能继续生长，这一过程就叫传代。传代培养可获得大量细胞供实验所需。细胞传代要在严格的无菌条件下进行，每一步都需要认真仔细地无菌操作。

1. 传代时间的确定

对于贴壁培养和悬浮培养而言，判断是否需要传代的标准大致相同。

（1）细胞密度　贴壁培养细胞进入对数生长期，未达到汇合状态时即应进行传代。正常细胞达到汇合状态时会停止生长（接触抑制），重新接种后需要较长时间才能恢复。类似地，悬浮培养的细胞进入对数生长期，未达到汇合状态时也应进行传代。达到汇合状态时，悬浮培养的细胞会聚集成团块，转动培养瓶时培养基会变得浑浊。

（2）培养基耗竭　生长培养基 pH 降低通常表示乳酸蓄积，乳酸是细胞代谢的副产物，有细胞毒性，而且 pH 降低也是细胞生长的不利因素。pH 改变的速度通常取决于培养体系中的细胞浓度，细胞浓度越高，培养基耗竭的速度越快。如果发现 pH 迅速降低（> $0.1 \sim 0.2$ pH 单位），同时细胞浓度增大，则应对细胞进行传代。

2. NCI-H1975 细胞传代所需的实验设备、试剂和耗材

（1）所需实验设备　生物安全柜；细胞培养箱；台式离心机；倒置显微镜；水浴锅；移液器；细胞计数器（血球计数板）。

（2）所需实验试剂和耗材　基础培养液 RPMI-1640；胎牛血清（FBS）；平衡盐溶液 PBS；0.25% 胰蛋白酶；细胞培养瓶；50 mL 离心管。

3. NCI-H1975 细胞传代实验流程

所有与细胞接触的溶液和设备均应为无菌状态。必须采用正确的无菌技术，并且在生物安全柜内工作。

① 从培养容器中吸出用过的细胞培养基并丢弃。

② 用不含钙和镁的平衡盐溶液 PBS 冲洗细胞（每 10 cm^2 培养表面积需要 2 mL 溶液）。从与贴壁细胞层相对的容器一侧轻轻加入冲洗液，以避免搅动细胞层，前后摇晃容器数次。

注：冲洗步骤可去除可能抑制胰酶作用的少量血清、钙和镁。

③ 从培养容器中吸出冲洗液并丢弃。

④ 向培养瓶中加入预热的胰蛋白酶；试剂量应足以覆盖细胞层（每 10 cm^2 大约 0.5 mL）。轻轻摇晃容器，使试剂完全覆盖细胞层。

⑤ 将培养容器在室温下孵育 $2 \sim 5$ min。请注意实际孵育时间根据所用细胞系不同而有所差异。

⑥ 在显微镜下观察细胞解离情况。如果解离程度未达 90%，可将孵育时间延长几分钟，每 30 s 检查一次解离情况。也可轻轻拍打培养容器以加快细胞解离。

⑦ 细胞解离程度大于等于 90% 时，加入所用解离剂同体积的预热完全生长培养基以中和胰酶的解离作用。吹打细胞层表面数次，使培养基分散。

⑧ 将细胞转移到 50 mL 离心管中，以 1000 r/min 离心 $5 \sim 10$ min。请注意离心速度和时间依细胞种类不同而有所差异。

⑨ 用预热的完全生长培养基重新悬浮细胞沉淀，并吹散细胞形成单细胞悬液。取出少量样品进行计数。

⑩ 使用血球计数板测定总细胞数和活细胞百分比。在进行细胞计数时可以将细胞样本进行适当的稀释，以达到合适的细胞密度便于细胞计数。

⑪ 将细胞悬液稀释到该细胞系推荐的接种密度，并将适量体积的细胞悬液转移到新的细胞培养容器中，把细胞放回培养箱。

注：如果使用培养瓶，应使用透气性瓶盖的细胞培养瓶以保证充分的气体交换。

⑫ 第二天对 NCI-H1975 细胞进行常规观察，保证细胞的生长状态。

4. 悬浮细胞的传代

悬浮细胞的传代几乎与贴壁细胞一致，由于细胞已经在生长培养基中悬浮，无需通过酶的作用使其从培养容器表面脱离，所以悬浮细胞传代比贴壁细胞传代稍微简单一些。悬浮细胞的传代除了不需要使用胰酶进行消化以外，其他步骤与贴壁细胞的传代几乎保持一致。

悬浮培养时不进行生长培养基的更换，而是 2～3 天加料一次，直到细胞汇合。可以直接在培养瓶中稀释细胞，然后继续培养扩增，或者也可以从培养瓶中取出一部分细胞，将余下的细胞稀释到该细胞系适宜的接种密度。悬浮细胞传代后的延滞期一般比贴壁细胞短。

三、细胞数目和细胞存活率的测定

细胞数目和细胞存活率可以使用血球计数板或全自动细胞计数仪。这里只介绍使用血球计数板进行细胞数目和存活率的测定。

1. 血球计数板的基本构造

血球计数板（见图 4-8）是一种常用的细胞计数工具，医学上常用来计数红细胞、白细胞等而得名，也常用于计算一些细菌、真菌、酵母菌等微生物的数量，是一种常见的生物学工具。

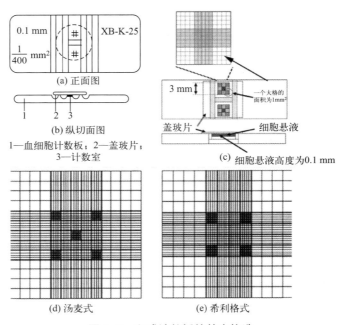

图 4-8 血球计数板的基本构造

血球计数板用优质厚玻璃制成，每块计数板由 H 形凹槽分为 2 个同样的计数池。计数池两侧各有一支持柱，将特制的专用盖玻片覆盖其上，形成高 0.1 mm 的计数池。计数池画有长、宽各 3.0 mm 的方格，分为 9 个大方格，每个大格面积为 1.0 mm×1.0 mm=1.0 mm²；容积为 1.0 mm²×0.1 mm = 0.1 mm³。

计数池分为两种类型。一种是大方格内分为 16 中格，每一中格又分为 25 小格即 16×25 型（希利格式）；另一种是大方格内分为 25 中格，每一中格又分为 16 小格即 25×16 型（汤麦式）。但是不管计数室是哪一种构造，它们都有一个共同的特点：每一大方格都是由 16×25 = 25×16 = 400 个小方格组成。

2. 使用血球计数板进行细胞数目和存活率的测定

① 将得到的细胞悬浮液进行一定比例的稀释，使其便于进行细胞计数。

② 吸取 500 μL 的细胞悬液并加入 500 μL 0.4% 台盼蓝染液，混匀并静置染色 2～3 min。

注：台盼蓝又称锥虫蓝，是一种有机化合物，常用作细胞活性染料，用于检测细胞膜的完整性，检测细胞是否存活。活细胞不会被染成蓝色，而死细胞会被染成深蓝色。

③ 取洁净的血球计数板一块，在计数区上盖上一块盖玻片。

④ 使用微量移液器吸取少许台盼蓝染色后的细胞悬液，从计数板中间平台两侧的沟槽内沿盖玻片的下边缘滴入一小滴（不宜过多），让细胞悬液利用液体的表面张力充满计数区，此过程不能产生气泡。

⑤ 静置片刻，使细胞沉降到计数板上，不再随液体漂移。将血球计数板放置于显微镜的载物台上夹稳，先在低倍镜下找到计数区后，再转换高倍镜观察并计数。

⑥ 计数血球计数板左上、左下、右上、右下的 4 个方格内的细胞数。

注：为了保证计数的准确性，避免重复计数和漏记，在计数时，对沉降在格线上的细胞的统计应有统一的规定。如细胞位于大方格的双线上，计数时则数上线不数下线，数左线不数右线，以减少误差。即"计上不计下，计左不计右"的规则。

⑦ 计数四个大格细胞总数，然后按公式进行计算：细胞数 /mL = 四大格细胞总数 /4× 10⁴× 细胞稀释倍数（这里由于使用了台盼蓝对样品进行了染色，等同于进行了 2 倍稀释，此稀释倍数应计算在内）。

注：公式中除以 4，因为计数了 4 个方格的细胞数。公式中乘以 10⁴ 因为计数板中每一个大格的体积为 0.1 mm³。

⑧ 同时计数出 4 个方格内被台盼蓝染成蓝色的细胞数目，细胞存活率 =（4 个方格内细胞总数目 −4 个方格内蓝色细胞数目）/4 个方格内细胞总数目 ×100%。

⑨ 血球计数板使用后，用自来水冲洗，切勿用硬物洗刷，洗后自行晾干或用吹风机吹干，或用 95% 的乙醇、无水乙醇、丙酮等有机溶剂脱水使其干燥。通过镜检观察每小格内是否残留菌体或其他沉淀物。若不干净，则必须重复清洗直到干净为止。

学习情境五
细胞铺板及铺板密度的确定

情境描述

经过学习情境四的学习以后，NCI-H1975 细胞状态已经恢复，可以用于药效学实验。在开始药效学实验前需要进行细胞铺板，以及对细胞的铺板密度进行确认，以确保药效学实验时使用合适的铺板密度。

学习目标

（1）了解何为细胞铺板，以及细胞铺板的要求。
（2）了解细胞稀释观察法确定细胞铺板密度。
（3）了解使用实时动态细胞成像分析系统（IncuCyte）确定细胞铺板密度。

任务书

经过 2～3 次的传代培养，NCI-H1975 细胞已经达到了较好的细胞状态，可以进行下一步实验细胞铺板。在进行正式的细胞铺板之前，需要确认细胞铺板的密度，选择合适的铺板密度才能保证后续实验的顺利进行。我们使用细胞梯度稀释观察法来进行细胞铺板密度的确认。细胞密度确认好以后，可以进行正式的细胞铺板用于后续的实验。

任务分组

完成分组和任务分工，填写表 5-1。

表5-1 任务分组表

班级		组号		指导老师	
组长		学号			
组员	姓名	学号		姓名	学号
任务分工					

工作计划

根据获得的信息，制订细胞铺板密度实验的计划，计划包括实验仪器、实验试剂等的准备工作，填写表5-2～表5-4。

表5-2 细胞铺板密度实验的操作流程

步骤	工作内容	结果
1		
2		
3		
4		
5		
6		
7		
8		

表5-3　实验所需仪器

序号	实验仪器名称	型号与厂家
1		
2		
3		
4		
5		
6		
7		
8		

表5-4　实验所需试剂

序号	实验试剂名称	货号与厂家
1		
2		
3		
4		
5		
6		
7		
8		

任务实施

? 引导问题 1：为什么要进行细胞铺板的工作？

? 引导问题 2：确认细胞铺板密度的方法有哪些？区别是什么？

[?] 引导问题3：什么是细胞汇合度？

[?] 引导问题4：可以用于实验的细胞有什么要求？

[?] 引导问题5：为什么96孔板的外围孔不用于实验？为什么要在96孔板的外围孔中加入培养基或PBS？

[?] 引导问题6：使用细胞梯度稀释生长曲线法需要什么设备的支持？

[?] 引导问题7：根据得到的NCI-H1975细胞汇合度观察数据，客户需要做一个药物处理3天的实验，你觉得什么样的细胞铺板密度比较合适？

评价反馈

各组代表展示实验结果，介绍实验的过程。填写表5-5～表5-7。

表5-5　学生自评表

任务	完成情况记录
任务是否按计划时间完成	
相关理论完成情况	
技能训练情况	
实验设备、试剂和耗材准备情况	
细胞密度铺板实验掌握情况	
细胞汇合度数据记录情况	
实验记录本使用情况	

表 5-6　学生互评表

序号	评价项目	小组内互评
1	任务是否按时完成	
2	实验记录本使用情况	
3	动手能力	
4	小组合作情况	
5	细胞密度铺板实验掌握情况	
6	细胞汇合度数据记录情况	

表 5-7　教师评价表

序号	评价项目	教师评价
1	学习准备	
2	引导问题填写	
3	实验前准备工作	
4	实验操作规范	
5	实验完成质量	
6	关键操作要领掌握	
7	实验数据整理，分析	
8	实验记录本使用情况	
9	细胞汇合度数据结果展示汇报	

一、细胞铺板

（1）所需实验设备　生物安全柜；细胞培养箱；台式离心机；倒置显微镜；水浴锅；移液器；细胞计数器（血球计数板）。

（2）所需实验试剂和耗材　基础培养液 RPMI-1640；胎牛血清（FBS）；平衡盐溶液 PBS；0.25% 胰蛋白酶；细胞培养瓶；50 mL 离心管；96 孔平底微孔板；液体加样槽。

一般将细胞培养在细胞培养瓶或细胞培养皿中，由于形状和细胞数量不便于进行相关的实验操作，这时会将细胞培养瓶或细胞培养皿中的细胞接种到不同规格的细胞培养板（如 96 孔、12 孔或 6 孔细胞培养板）中，这样的实验操作称之为细胞铺板。这样操作的原因是不同实验类型的要求不同，如需要不同的细胞数，需要对细胞进行一些操作处理等。将细胞进行铺板，更方便进行后续的实验操作。

当需要进行细胞实验，对培养的细胞进行铺板操作时，由于细胞的大小、生长速度等的影响，我们在铺板前需要对铺板的细胞数进行优化，使细胞在检测当天，细胞的汇合度（对于贴壁细胞，细胞所占培养瓶底面积的比例）在 80% 左右。根据实验室条件，一般有两种方法可以进行细胞铺板密度的优化：①细胞梯度稀释观察法；②细胞梯度稀释生长曲线法。这两种方法前面的实验步骤一致，只是在得到最终数据时的方法不同。

（3）实验步骤

① 从培养容器中吸出用过的细胞培养基并丢弃。

② 用不含钙和镁的平衡盐溶液 PBS 冲洗细胞（每 10 cm² 培养表面积需要 2 mL 溶液）。从与贴壁细胞层相对的容器一侧轻轻加入冲洗液，以避免搅动细胞层，前后摇晃容器数次。

注：冲洗步骤可去除可能抑制解离剂作用的少量血清、钙和镁。

③ 从培养容器中吸出冲洗液并丢弃。

④ 向培养瓶中加入预热的胰蛋白酶；试剂量应足以覆盖细胞层（每 10 cm² 大约 0.5 mL）。轻轻摇晃容器，使试剂完全覆盖细胞层。

⑤ 将培养容器在室温下孵育 2 ~ 5 min。请注意实际孵育时间根据所用细胞系不同而有所差异。

⑥ 在显微镜下观察细胞解离情况。如果解离程度未达 90%，可将孵育时间延长几分钟，每 30 s 检查一次解离情况。也可轻轻拍打培养容器以加快细胞解离。

⑦ 细胞解离程度大于等于 90% 时，加入所用解离剂同体积的预热完全生长培养基以中和胰酶的解离作用。吹打细胞层表面数次，使培养基分散。

⑧ 将细胞转移到 50 mL 离心管中，以 1000 r/min 离心 5 ~ 10 min。请注意离心速度和时间依细胞种类不同而有所差异。

⑨ 用预热的完全生长培养基重新悬浮细胞沉淀，并吹散细胞形成单细胞悬液。取出少量样品进行计数。

⑩ 使用血球计数板测定总细胞数和活细胞百分比。在进行细胞计数时可以将细胞样本进行适当的稀释，以达到合适的细胞密度便于细胞计数。

注：一般情况下实验对细胞的存活率是有要求的，只有存活率大于 90% 才会用于实验。

⑪ 细胞计数完成后，配制细胞密度为 200000 个 /mL、100000 个 /mL、80000 个 /mL、60000 个 /mL、40000 个 /mL、20000 个 /mL、10000 个 /mL、5000 个 /mL、2500 个 /mL 的单细胞悬浮液（可以根据具体情况配制不同密度的细胞悬浮液）。

⑫ 使用多通道微量移液器取 100 μL 上述细胞悬浮液，加入 96 孔细胞培养板中，并做 6 复孔重复，则每个细胞孔中的最终细胞数目为 20000 个 / 孔、10000 个 / 孔、8000 个 / 孔、6000 个 / 孔、4000 个 / 孔、2000 个 / 孔、1000 个 / 孔、500 个 / 孔、250 个 / 孔，如表 5-8 和图 5-1 所示。

注：96 孔板最外围的孔一般不用于实验。这是由于边际效应，导致最外围的孔与中间的孔受热程度有区别，从而造成细胞增殖或细胞状态不一致，会影响实验结果。但是需要在外围孔中加入培养基或 PBS，以保证内部孔受热均匀。

⑬ 将细胞培养板放回培养箱中继续培养。

表 5-8 细胞密度铺板图

序列	1	2	3	4	5	6	7	8	9	10	11	12
A	M	M	M	M	M	M	M	M	M	M	M	M
B	M	20000	10000	8000	6000	4000	2000	1000	500	250	0	M
C	M	20000	10000	8000	6000	4000	2000	1000	500	250	0	M
D	M	20000	10000	8000	6000	4000	2000	1000	500	250	0	M
E	M	20000	10000	8000	6000	4000	2000	1000	500	250	0	M
F	M	20000	10000	8000	6000	4000	2000	1000	500	250	0	M
G	M	20000	10000	8000	6000	4000	2000	1000	500	250	0	M
H	M	M	M	M	M	M	M	M	M	M	M	M

注：M（培养基）。

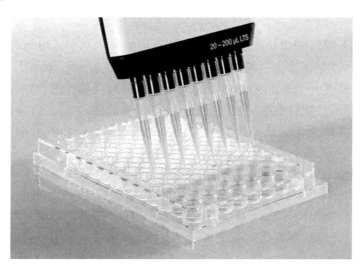

图 5-1 多通道微量移液器铺细胞

二、细胞梯度稀释观察法

观察法是每间隔 24 h 在显微镜下观察细胞的汇合度，并按表 5-9 记录下不同铺板密度在不同培养时间后，所达到的细胞汇合度。当某一细胞接种密度在某一时间汇合度达到 90% 以上，这时细胞增殖进入平台期，则不再继续记录数据。根据时间推移可以观察到类似于图 5-2 的细胞汇合度变化图。图 5-2 显示的是 NCI-H1975 细胞在 2000 个/孔（96 孔板）的密度下，24 h、48 h、72 h 和 96 h 后的细胞汇合度；细胞汇合度分别大致为：20%、50%、70% 和 90%。

根据表 5-9 详细记录好汇合度的数据后，根据实验的要求，选择合适的细胞铺板密度进行正式实验的细胞铺板。

图5-2 NCI-H1975细胞生长汇合度（2000个/孔）

24 h后（左上），48 h后（右上），72 h后（左下），96 h后（右下）

表5-9 细胞汇合度观察表

细胞汇合度/%	0 h	24 h	48 h	72 h	96 h	120 h	144 h	168 h
20000个/孔								
10000个/孔								
8000个/孔								
6000个/孔								
4000个/孔								
2000个/孔								
1000个/孔								
500个/孔								
250个/孔								

三、细胞梯度稀释生长曲线法

生长曲线法需要借助实时动态细胞成像分析系统（如IncuCyte系统）才能完成。IncuCyte（可见彩色插页图5-3）是一套用于非伤害的、长时间实时动态的活细胞成像分析平台。IncuCyte分为信号采集机和控制机两部分，信号采集机可放置于培养箱中，中间放置多种规格的板、皿、瓶及载玻片，在其下方有显微照相设备，通过显微拍照，对培养细胞进行连续监测，并通过联网的电脑进行远程控制、数据读取与分析。系统可自动收集每个时间点的相差图像和红/绿荧光图像。

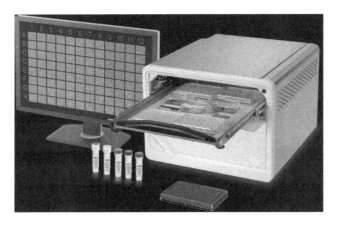

图 5-3　IncuCyte 系统

除了可以得到各种格式的图像或动态录像外，还可以得到由系统软件依据汇合度和计数分析自动生成的基于图像应用的图表，以显示细胞的变化及趋势。例如，显示细胞增殖的汇合度 - 时间图表，显示神经生长的神经突长度 - 时间图表，显示细胞划痕实验的相对伤口密度 - 时间图表，或显示新生血管的血管长度 - 时间图表等。图 5-4 所示即为细胞增殖的汇合度 - 时间图表（图 5-4 可见彩色插页）。这个图显示的是 NCI-H1975 细胞在不同细胞密度下，随着时间的增加细胞增殖汇合度。

如图所示，IncuCyte 所能采集到的数据更详细、更全面，可以为不同的实验要求和条件提供更准确的数据。

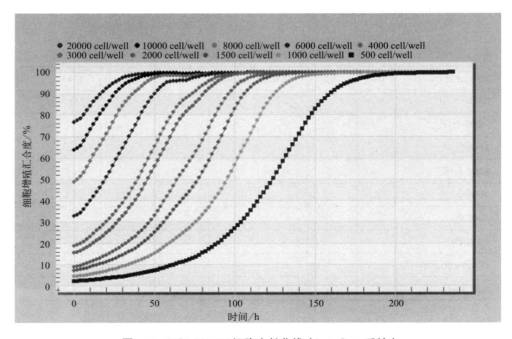

图 5-4　NCI-H1975 细胞生长曲线（IncuCyte 系统）

学习情境六
细胞铺板和药物处理

 情境描述

经过学习情境五的学习,我们已经能够进行细胞铺板,并且通过细胞梯度稀释观察实验确定了 NCI-H1975 细胞的铺板密度。接下来就可以开始正式实验的细胞铺板,以及对细胞进行药物处理。

 学习目标

(1) 根据实验条件能够熟练进行细胞铺板操作。
(2) 根据测试药物的信息能够配制测试药物储存液。
(3) 能够熟练进行测试药物的梯度浓度稀释。
(4) 能够对铺板的细胞进行加药处理。

 任务书

为了进行药物的测试,需要将培养在细胞瓶中的细胞接种到 96 孔细胞培养板中,用于后续的加药处理进行药物测试。

 任务分组

完成分组和任务分工,填写表 6-1。

表 6–1　任务分组表

班级		组号		指导老师	
组长		学号			

续表

组员	姓名	学号	姓名	学号

任务分工	

 工作计划

根据获得的信息，制订细胞铺板和药物处理实验的计划，计划包括实验仪器、实验试剂等的准备工作，填写表 6-2～表 6-4。

表 6-2 细胞铺板和药物处理实验操作流程

步骤	工作内容	结果
1		
2		
3		
4		
5		
6		
7		
8		

表6-3 实验所需仪器

序号	实验仪器名称	型号与厂家
1		
2		
3		
4		
5		
6		
7		
8		

表6-4 实验所需试剂

序号	实验试剂名称	货号与厂家
1		
2		
3		
4		
5		
6		
7		
8		

任务实施

[?] 引导问题 1：最终确认的 NCI-H1975 细胞的铺板密度是多少？

[?] 引导问题 2：待测药物的溶解度如何？使用什么溶剂溶解？配成储存液的浓度为多少？

学习情境六 细胞铺板和药物处理 **063**

[?] 引导问题 3：NCI-H1975 细胞按铺板密度为 2000 个 / 孔，是如何进行操作的？完成铺板的细胞为什么要过夜培养？

[?] 引导问题 4：一般测试化合物用什么溶剂进行溶解？

[?] 引导问题 5：配制药物储存液时，计算溶剂使用量的公式是什么？并计算配制客户药物的溶剂使用量。

[?] 引导问题 6：加入化合物溶液后，细胞孔中 DMSO 的浓度是多少？为什么 DMSO 的浓度不能过高？

[?] 引导问题 7：使用画图的方式说明药物梯度稀释的过程。

[?] 引导问题 8：使用列表的方式示意各测试药物的最终工作浓度。

[?] 引导问题 9：进行药物处理时为什么要做 3 孔重复？

评价反馈

各组代表展示实验结果，介绍实验的过程。填写表 6-5 ～表 6-7。

表6-5 学生自评表

任务	完成情况记录
任务是否按计划时间完成	
相关理论完成情况	
技能训练情况	
实验设备、试剂和耗材准备情况	
测试药物的储存液配制情况	
测试药物的梯度稀释情况	
细胞的药物处理情况	
实验记录本使用情况	

表6-6 学生互评表

序号	评价项目	小组内互评
1	任务是否按时完成	
2	实验记录本使用情况	
3	动手能力	
4	小组合作情况	
5	测试药物的储存液配制情况	
6	测试药物的梯度稀释情况	
7	细胞的药物处理情况	

表6-7 教师评价表

序号	评价项目	教师评价
1	学习准备	
2	引导问题填写	
3	实验前准备工作	
4	实验操作规范	
5	实验完成质量	
6	关键操作要领掌握	
7	实验数据整理，分析	
8	实验记录本使用情况	
9	药物储存液配制结果展示汇报	
10	药物梯度稀释结果展示汇报	

学习情境六 细胞铺板和药物处理

一、细胞铺板

（1）所需实验设备　生物安全柜；细胞培养箱；台式离心机；倒置显微镜；水浴锅；移液器；细胞计数器（血球计数板）。

（2）所需实验试剂和耗材　基础培养液 RPMI-1640；胎牛血清（FBS）；平衡盐溶液 PBS；0.25% 胰蛋白酶；二甲基亚砜（DMSO）；细胞培养瓶；50 mL 离心管；96 孔细胞培养板。

通过学习情境五的学习，我们已经可以完成细胞铺板的实验操作，并且通过细胞密度观察实验确定了 NCI-H1975 细胞的铺板密度。客户需要做 3 天的药物处理实验，根据学习情境五的实验结果，我们可以选择 NCI-H1975 细胞的铺板密度为 2000 个 / 孔。在这个细胞铺板密度下 72 h 后，细胞的汇合度大概是 70%，符合实验要求。

使用处于对数生长期的 NCI-H1975 细胞进行细胞铺板，用完全培养基将 NCI-H1975 细胞悬液调整到 2.22×10^4 个 /mL 的浓度后，使用多通道微量移液器吸取 90 μL 细胞悬液到 96 孔细胞培养板中（细胞铺板密度为 2000 个 / 孔），轻轻摇匀细胞。

细胞置于 37℃，5% CO_2，95% 空气的培养箱中过夜培养。过夜培养可以使 NCI-H1975 细胞完全贴壁生长，并达到较好的生长状态。

二、药物处理

取出过夜培养的细胞板并在显微镜下观察，如果细胞已经贴壁且细胞状态良好即可进行下一步药物处理的操作。

1. 药物储存液的配制

根据学习情境一的信息，得到客户测试化合物的信息见表 6-8。

表 6-8　测试药物信息

测试物	摩尔质量/（g/mol）	纯度/%	质量/mg	批号	状态	储存条件
X	439.35	98.5	2.3	S202201	粉末	−20℃
阿法替尼	485.94	99.80	5.0	S101112	粉末	−20℃

客户邮寄过来的测试药物是粉末状态，因此首先要将其配制成高浓度的储存液。高浓度的药物储存液性状更稳定，有利于保存。客户的测试药物属于有机化合物小分子，这类药物一般都溶于二甲基亚砜（DMSO），不溶于水。因此，一般情况都是使用 DMSO 来配制药物储存液。但是不同的药物其性状也不尽相同，所用溶剂也会不同，具体的溶剂可以跟客户确认。

那如何将药物粉末配制成储存液呢？可以根据下面的公式将药物粉末配制成想要的储存液。

_____质量（mg）×_____纯度（%）=_____浓度（mmol/L）×_____体积（mL）×_____摩尔质量（g/mol）

一般情况下待测药物会被配制成 10 mmol/L 的储存液，根据上述的公式以及已知待测药物的质量、纯度、摩尔质量等信息，经过计算得出需要 DMSO 的体积，具体计算过程如下：

阿法替尼：

_5.0_ 质量（mg）× _99.8_ 纯度（%）= _10_ 浓度（mmol/L）× _1.027_ 体积（mL）× _485.94_ 摩尔质量（g/mol）

X：

_2.3_ 质量（mg）× _98.5_ 纯度（%）= _10_ 浓度（mmol/L）× _0.516_ 体积（mL）× _439.35_ 摩尔质量（g/mol）

因此，向阿法替尼和 X 分别加入 1.027 mL 和 0.516 mL 的 DMSO 溶解即可配制成 10 mmol/L 的药物储存液。在配制的过程中要注意充分混匀，保证测试药物完全溶解，形成澄清的药物储存液体。

2. 测试药物的梯度稀释

根据学习情境一的信息，需要对待测药物需要进行 3 倍的梯度稀释，需要稀释 8 次，9 个药物浓度，稀释方法如表 6-9 和图 6-1 所示。

表 6-9 测试药物 3 倍梯度稀释操作

浓度/（mmol/L）	10	3.33	1.11	0.37	0.124	0.041	0.014	0.0046	0.0015	0
10 mmol/L 储存液/μL	30 →	10 →	10 →	10 →	10 →	10 →	10 →	10 →	10	0
DMSO/μL		20	20	20	20	20	20	20	20	20

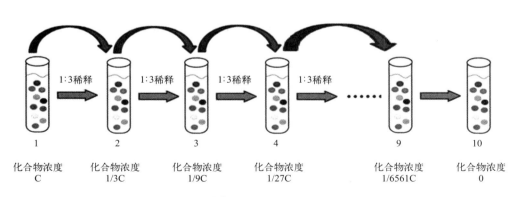

图 6-1 测试药物 3 倍梯度稀释操作示意图

待测药物的储存液是 10 mmol/L，进行梯度稀释后的浓度见表 6-10。

表6-10　药物梯度稀释后1000倍工作浓度示意表

X/（mmol/L）	10	3.33	1.11	0.37	0.124	0.041	0.014	0.0046	0.0015	0
阿法替尼/（mmol/L）	10	3.33	1.11	0.37	0.124	0.041	0.014	0.0046	0.0015	0

　　根据学习情境一的信息，测试药物的最高工作浓度是 10 μmol/L，我们梯度稀释后的药物浓度是工作浓度的 1000 倍，因此需要对梯度稀释后的测试药物进行稀释。使用多通道微量移液器吸取 3 μL 梯度稀释的待测药物，加入 297 μL 的完全培养基中，得到 10 倍工作浓度的待测药物（见表 6-11）。

表6-11　10倍工作浓度，3倍梯度稀释的待测药物

梯度稀释药物/μL	3	3	3	3	3	3	3	3	3	3
培养基/μL	297	297	297	297	297	297	297	297	297	297
浓度/（μmol/L）	100	33.33	11.111	3.704	1.235	0.412	0.137	0.046	0.015	0

3. 药物处理

　　使用微量移液器吸取 10 μL 上步得到的 10 倍工作浓度的待测药物的溶液加入 96 孔细胞板的相应孔中（每个浓度设 3 个重复），最终得到工作浓度的化合物（见表 6-12）。每孔细胞培养液中所含有的 DMSO 的最终浓度为 0.1%（由于 DMSO 对细胞生长有一定的毒性，一般溶液中的 DMSO 浓度不超过 0.25%）。

表6-12　96孔细胞板中待测药物的浓度示意

序列	1	2	3	4	5	6	7	8	9	10	11	12	
A	M	M	M	M	M	M	M	M	M	M	M	M	
B	M	10	3.33	1.11	0.37	0.124	0.041	0.014	0.0046	0.0015	0	M	X 浓度/（μmol/L）
C	M	10	3.33	1.11	0.37	0.124	0.041	0.014	0.0046	0.0015	0	M	
D	M	10	3.33	1.11	0.37	0.124	0.041	0.014	0.0046	0.0015	0	M	
E	M	10	3.33	1.11	0.37	0.124	0.041	0.014	0.0046	0.0015	0	M	阿法替尼浓度/（μmol/L）
F	M	10	3.33	1.11	0.37	0.124	0.041	0.014	0.0046	0.0015	0	M	
G	M	10	3.33	1.11	0.37	0.124	0.041	0.014	0.0046	0.0015	0	M	
H	M	M	M	M	M	M	M	M	M	M	M	M	

注：M 为培养基或 PBS。

　　将上述被化合物处理过的细胞板置于 37℃，5% CO_2，95% 空气的培养箱中继续培养 72 h。

学习情境七
实验结果的检测

情境描述

通过学习情境六的学习,完成了 NCI-H1975 细胞的药物处理。经过 72 h 的药物孵育以后,药物对细胞的抑制或杀伤作用已经完成,现在要将实验结果通过试剂检测出来,变成可以进行分析的实验数据。

学习目标

(1)能够配制细胞活力检测试剂(CellTiter-Glo® 细胞活力检测,CTG)。
(2)能够熟练检测细胞活力。
(3)能够熟练操作多功能酶标仪。

任务书

经过 72 h 的药物处理,待测药物已经完成了对 NCI-H1975 细胞的作用。现在需要使用细胞活力检测试剂(CellTiter-Glo® 细胞活力检测,CTG)进行结果的检测。先完成 CTG 试剂的配制,配制好的 CTG 试剂加入实验孔中,并使用多功能酶标仪将实验结果读出,得到实验数据用于后面的结果分析。

任务分组

完成分组和任务分工,填写表 7-1。

表 7–1 任务分组表

班级		组号		指导老师	
组长		学号			

续表

组员	姓名	学号	姓名	学号
任务分工				

 工作计划

根据获得的信息，制订实验结果检测的计划，计划包括实验仪器、实验试剂等的准备工作，填写表 7-2～表 7-4。

表 7-2　实验结果检测的操作流程

步骤	工作内容	结果
1		
2		
3		
4		
5		
6		
7		
8		

表 7–3　实验所需仪器

序号	实验仪器名称	型号与厂家
1		
2		
3		
4		
5		
6		

表 7–4　实验所需试剂

序号	实验试剂名称	货号与厂家
1		
2		
3		
4		
5		
6		
7		
8		

任务实施

? 引导问题 1：细胞活力的检测方法主要有哪些？

? 引导问题 2：简述 CTG 检测法的原理和实验操作流程。

? 引导问题 3：简述 MMT 检测法的原理和实验操作流程。

学习情境七　实验结果的检测　　**071**

[?] 引导问题 4：简述 CCK-8 检测法的原理和实验操作流程。

[?] 引导问题 5：使用 MMT 法进行检测时为什么吸光度最好保持在 0 ～ 0.7 之间？

[?] 引导问题 6：哪些因素会影响 MMT 法的检测？

[?] 引导问题 7：哪些因素会影响 CCK-8 法的检测？

[?] 引导问题 8：MMT 法、CCK-8 法和 CTG 法之间对比区别有哪些？

[?] 引导问题 9：Cell Titer-Glo 试剂的配制方法如何？为什么要将试剂平衡到室温？细胞孔加入 Cell Titer-Glo 试剂后为什么要混匀 2 min？混匀结束后为什么要在室温静置 10 min？

[?] 引导问题 10：记录你得到的实验数据。

序列	1	2	3	4	5	6	7	8	9	10	11	12	
A													
B													X浓度/（μmol/L）
C													
D													
E													
F													阿法替尼浓度/（μmol/L）
G													
H													

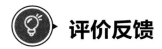

评价反馈

各组代表展示实验结果,介绍实验的过程。填写表 7-5 ~ 表 7-7。

表 7-5 学生自评表

任务	完成情况记录
任务是否按计划时间完成	
相关理论完成情况	
技能训练情况	
实验设备、试剂和耗材准备情况	
检测试剂的配制	
多功能酶标仪的正确使用	
细胞活力的检测	
实验记录本使用情况	

表 7-6 学生互评表

序号	评价项目	小组内互评
1	任务是否按时完成	
2	实验记录本使用情况	
3	动手能力	
4	小组合作情况	
5	检测试剂的配制	
6	多功能酶标仪的正确使用	
7	细胞活力的检测	

表 7-7 教师评价表

序号	评价项目	教师评价
1	学习准备	
2	引导问题填写	
3	实验前准备工作	
4	实验操作规范	
5	实验完成质量	
6	关键操作要领掌握	
7	实验数据整理,分析	
8	实验记录本使用情况	
9	检测试剂的配制结果展示汇报	
10	多功能酶标仪的正确使用	
11	细胞活力的检测结果展示汇报	

学习情境七 实验结果的检测

一、实验结果的检测

由于待测药物对 NCI-H1975 细胞有抑制或杀伤作用，因此在不同药物浓度下对 NCI-H1975 细胞的影响也是不一样的，一般情况下药物浓度越高，抑制或杀伤的细胞越多；反之抑制或杀伤的细胞就少。因此，每个浓度孔中的细胞活力是不一样的，这时候就需要通过细胞活力检测试剂，得到实验数据，再进一步分析。

现在市面上用于细胞活力检测的试剂非常多，如 CellTiter-Glo® 细胞活力检测法、MMT 法、CCK-8 法和 CyQUANT™ XTT 法等。

1. CellTiter-Glo® 细胞活力检测法

CellTiter-Glo® 细胞活力检测试剂盒（CellTiter-Glo® Luminescent Cell Viability Assay，CTG）是通过对 ATP 进行定量测定来检测培养物中活细胞数目的一种均质检测方法。ATP 是活细胞新陈代谢的一个指标。均质检测方法是将单一试剂（CellTiter-Glo 试剂）直接加入含有血清的细胞培养基中进行细胞培养。不需要对细胞进行清洗、去除培养基或多次换液。均质的"添加 - 混合 - 测量"模式可使细胞裂解并产生跟 ATP 量和活细胞量成正比的发光信号。CellTiter-Glo 依赖于热稳定的萤光素酶（Ultra-Glo™ Recombinant Luciferase），产生稳定的"发光型"信号。该实验涉及的萤光素酶反应如下（见图 7-1）。

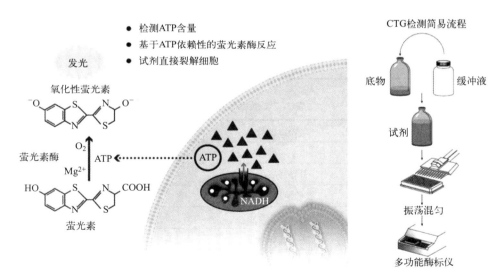

图 7-1　CTG 试剂细胞活力检测原理（左）和 CTG 检测简易流程（右）

（1）CTG 的配制

① 溶化 CellTiter-Glo® 缓冲液，并平衡至室温。为方便起见，可在使用前 48 h 溶化 CellTiter-Glo® 缓冲液并在室温保存。

② 将冻干粉 CellTiter-Glo® 底物平衡到室温。

③ 将适当体积的 CellTiter-Glo® 缓冲液转移到装有 CellTiter-Glo® 底物的棕色瓶中，配制成酶 / 底物混合物，即 CellTiter-Glo® 试剂。

注： 必须将整瓶 CellTiter-Glo® 缓冲液倒进 CellTiter-Glo® 底物瓶中轻轻振荡混合，摇晃或上下颠倒小瓶使溶液均一。CellTiter-Glo® 底物应很容易在 1 min 内完全溶解。

（2）CTG 法实验步骤

① 将需要进行检测的细胞培养板从培养箱中取出。

② 将培养板及其内容物平衡到室温，大约需要 30 min。

③ 每孔中加入与细胞培养基体积相等的 CellTiter-Glo® 试剂（如 96 孔板内含 100 μL/ 孔的培养基中加 100 μL 试剂；384 孔板内加 25 μL 试剂）。

④ 在一个定轨振荡器上混合内容物 2 min，诱导细胞裂解。

⑤ 将培养板室温孵育 10 min，使萤光信号值稳定。

注： 温度梯度、细胞分布不均匀和孔的边际效应可能导致不稳定的萤光信号值。

⑥ 使用多功能酶标仪检测发光信号（仪器设置取决于仪器制造商）。

2. MTT 法

四唑盐（MTT）商品名为噻唑蓝，化学名为 3-（4,5）-2- 唑噻 -（2,5）- 二苯基溴化四氮唑蓝。MTT 检测原理为活细胞线粒体中的琥珀酸脱氢酶能使外源性 MTT 还原为水不溶性的蓝紫色结晶甲臜（formazan）并沉积在细胞中，而死细胞无此功能。二甲基亚砜（DMSO）能溶解细胞中的甲臜，用酶联免疫检测仪在 490 nm 波长处测定其光吸收值，可间接反映活细胞数量。在一定细胞数范围内，MTT 结晶形成的量与细胞数成正比。该方法已广泛用于一些生物活性因子的活性检测、大规模的抗肿瘤药物筛选、细胞毒性试验以及肿瘤放射敏感性测定等。它的优点是灵敏度高、经济。缺点：由于 MTT 经还原所产生的甲臜产物不溶于水，需被溶解后才能检测。这不仅使工作量增加，也会对实验结果的准确性产生影响，而且溶解甲臜的有机溶剂对实验者也有损害。

（1）MTT 溶液的配制方法　通常，此法中的 MTT 浓度为 5 mg/mL。因此，可以称取 MTT 0.5 g，溶于 100 mL 的磷酸缓冲液（PBS）或无酚红的培养基中，用 0.22 μm 滤膜过滤以除去溶液里的细菌，放 4℃ 避光保存即可。在配制和保存的过程中，容器最好用铝箔纸包住。

（2）MTT 法实验步骤

① 将需要进行检测的细胞培养板从培养箱中取出。

② 每孔加入 10 μL MTT 溶液（5 mg/mL，即 0.5% MTT），继续培养 4 h。

③ 终止培养，小心吸去孔内培养液。

④ 每孔加入 100 μL 二甲基亚砜，置摇床上低速振荡 10 min，使结晶物充分溶解。在多功能酶标仪上检测 490 nm 处各孔的吸光值。

（3）注意事项

① MTT 实验吸光度在 0 ~ 0.7 之间为宜，超出这个范围就不是直线关系。

② 如果 96 孔板中加入了具有氧化还原性的药物，比如谷胱甘肽、维生素 E、维生素 C，建议用 PBS 将细胞清洗一下，否则这些药物会将 MTT 还原成棕褐色沉淀，这种效果可能是不需要的。

③ 在理想的 MTT 实验中，如果是细胞抑制实验，不加药物处理的空白组的吸收值应该在 0.8～1.2，太小检测误差占的比例较多，太大吸收值可能已经超出线性范围。这个原理在朗伯-比尔定律中有解释。

④ 高的血清物质会影响实验孔的光吸收值。由于实验本底增加，会影响实验敏感性。因此，一般选小于 10% 胎牛血清的培养液进行。在呈色后，尽量吸净培养孔内残余培养液。

⑤ 如加入 MTT 后有个别孔立即变为蓝黑色，则污染的可能性极大。在加 MTT 前可以先在镜下观察，看看是否有孔染菌，染菌的孔常常是邻近的。

⑥ 加 DMSO 前要把液体小心吸掉。但培养液里的紫色结晶可能会吸去，可在这之前先用平板离心机离心 96 孔板，2000 r/min、5 min，然后吸掉上清液。

⑦ MTT 法只能用来检测细胞相对数和相对活力，但不能测定细胞绝对数。在用酶标仪检测结果的时候，为了保证实验结果的线性，MTT 吸光度最好在 0～0.7 范围内。

⑧ MTT 一般最好现用现配，过滤后 4℃ 避光保存两周内有效，或配制成 5 mg/mL 保存在 -20℃ 长期保存，避免反复冻融，用锡箔纸包住避光以免分解。

⑨ MTT 有致癌性，使用时需要佩戴个人防护用品。

3. CCK-8 法

Cell Counting Kit-8，简称 CCK-8 试剂盒，是一种基于 WST-8 而广泛应用于细胞增殖和细胞毒性的快速、高灵敏度、无放射性的比色检测试剂盒。CCK-8 溶液可以直接加入细胞样品中，不需要预配各种成分。WST-8 在电子耦合试剂存在的情况下，可以被线粒体内的一些脱氢酶还原生成橙黄色的甲臜（见图 7-2）。WST-8 是 MTT 的一种升级替代产品，和 MTT 或其他 MTT 类似产品如 XTT、MTS 等相比有明显的优点。

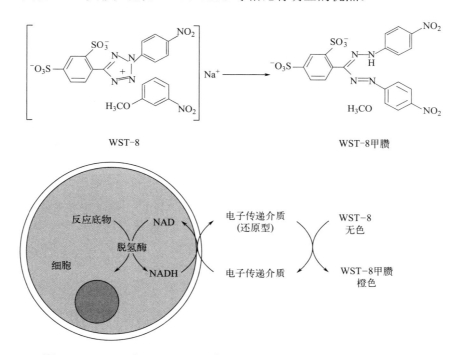

图 7-2　WST-8 和 WST-8 甲臜的结构式（上）；CCK-8 检测原理（下）

细胞增殖越多越快，则颜色越深；细胞毒性越大，则颜色越浅。对于同样的细胞，颜色的深浅（生成的甲䐩量）和细胞数目呈线性关系。

（1）MTT法实验步骤

①将需要进行检测的细胞培养板从培养箱中取出；

②每孔加入 10 μL 的 CCK-8 溶液（注意不要产生气泡）；

③将培养板置于培养箱内孵育 1 ~ 4 h；

④在多功能酶标仪上检测 450 nm 处各孔的吸光值。

（2）注意事项

① CCK-8 的培养时间一般为 1 ~ 4 h，但在培养 30 min 左右即可取出肉眼观察显色程度，根据细胞种类而定，需要摸索条件，CCK-8 的最佳反应时间以显色的最佳时间为准。

②本试剂盒的检测依赖于脱氢酶催化的反应，所以还原剂（例如一些抗氧化剂）会干扰检测，如果待检测体系中存在较多的还原剂，需设法去除。用酶标仪检测前需确保每个孔内没有气泡，否则会干扰测定。

③加入药物中如含有金属，对 CCK-8 显色有影响。终浓度为 1 mmol/L 的氯化亚铅、氯化铁、硫酸铜会抑制 5%、15%、90% 的显色反应，使灵敏度降低。如果终浓度是 10 mmol/L 的话，将会 100% 抑制。

④培养基中的酚红不会影响实验结果，酚红的吸光度可以在计算时，通过扣除空白孔中本底的吸光度而消去，因此不会对检测造成影响。

⑤ CCK-8 试剂对细胞的毒性非常低。它和活细胞内的脱氢酶持续反应使溶液颜色不断加深，OD 值不断增加。

注： 活细胞内的脱氢酶是持续产生的。

⑥以下方法可以终止 CCK-8 反应（96 孔板）：a. 在显色反应后，将培养板放置 4℃冰箱内；b. 每孔加 10 μL 0.1 mol/L HCl 溶液；c. 每孔加 10 μL 1%（质量浓度）的 SDS（十二烷基硫酸钠）溶液。

注： 反应停止后，应在 24 h 内测定。

这三种检测方法各有优缺点，三者之间的区别和对比见表 7-8。

表7-8　MTT、CCK-8、CTG检测方法对比

项目	MTT	CCK-8	CTG
产品形状	粉末	溶液	溶液及冻干粉
试剂稳定性	一般	很好	很好
使用方法	配成溶液后使用	即开即用	解冻
细胞用量	常规	常规	少
细胞毒性	高，细胞形态完全消失	很低，细胞形态不变	裂解细胞
检测时间	较长	较短	最短

学习情境七　实验结果的检测　　**077**

续表

项目	MTT	CCK-8	CTG
便捷程度	一般	较便捷	非常便捷
检测灵敏度	高	高	非常高
批量样品检测	可以	非常适合	非常适合

二、多功能酶标仪的使用

由于各个多功能酶标仪的生产厂家，其仪器的型号和功能各不相同，具体的仪器使用方法根据仪器说明书进行使用。

学习情境八
实验数据的处理和呈现

情境描述

经过前面七个学习情境的学习,已经完成了所有的实验操作并拿到了实验数据,接下来就要对实验数据进行分析,得出实验结论并汇报给客户。

学习目标

(1)能够熟练计算药物抑制率。
(2)能够熟练根据药物抑制率绘制量效曲线。
(3)能够计算药物绝对 IC_{50} 和相对 IC_{50},并了解这二者的区别。
(4)能够总结和汇报实验数据结果并完成实验报告。

任务书

完成了学习情境七以后,所有的实验操作已经完成并拿到了实验数据。现在要根据实验数据计算各药物浓度对细胞生长的抑制情况得到药物抑制率。将得到的抑制率数据通过 GraphPad Prism 8 软件绘制量效曲线,并计算药物的绝对 IC_{50} 和相对 IC_{50}。最后总结整个实验项目,并完成实验数据的汇报和实验报告。

任务分组

完成分组和任务分工,填写表 8-1。

表 8–1 任务分组表

班级		组号		指导老师	
组长		学号			

续表

组员	姓名	学号	姓名	学号

任务分工	

工作计划

根据获得的信息，制订实验数据处理的工作计划，填写表 8-2。

表8-2　数据处理和呈现的工作流程

步骤	工作内容	结果
1		
2		
3		
4		
5		
6		
7		
8		

任务实施

[?] 引导问题1：实验中所测试的样品孔中哪一列孔被认为细胞活性是100%？为什么？

[?] 引导问题2：各实验孔的细胞活性抑制率是如何计算的？

[?] 引导问题3：计算出实验中各实验孔的细胞活性抑制率。

序列	1	2	3	4	5	6	7	8	9	10	11	12
A												
B												
C												
D												
E												
F												
G												
H												

[?] 引导问题4：细胞活性抑制率和使用的药物浓度有什么样的关系？

学习情境八　实验数据的处理和呈现

? 引导问题 5：什么是 IC_{50}？

? 引导问题 6：除了 IC_{50} 以外，还有 EC_{50}、GI_{50} 等，它们之间有何不同？

? 引导问题 7：使用 GraphPad Prism 软件如何计算测试药物的 IC_{50}？

? 引导问题 8：量效曲线一般遵循什么形状？通常由哪些参数定义？

? 引导问题 9：何为相对 IC_{50}？何为绝对 IC_{50}？区别是什么？

? 引导问题 10：绘制你的量效曲线。

? 引导问题 11：你计算出的待测药物的 IC_{50} 是多少？

? 引导问题 12：呈现你的实验结果。

? 引导问题 13：撰写实验报告。

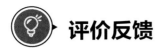

评价反馈

各组代表展示实验结果,介绍实验的过程。填写表 8-3～表 8-5。

表 8-3 学生自评表

任务	完成情况记录
任务是否按计划时间完成	
相关理论完成情况	
技能训练情况	
药物抑制率计算	
使用软件绘制量效曲线	
相对 IC_{50} 和绝对 IC_{50} 的计算	
实验记录本使用情况	

表 8-4 学生互评表

序号	评价项目	小组内互评
1	任务是否按时完成	
2	实验记录本使用情况	
3	动手能力	
4	小组合作情况	
5	药物抑制率计算	
6	使用软件绘制量效曲线	
7	相对 IC_{50} 和绝对 IC_{50} 的计算	

表 8-5 教师评价表

序号	评价项目	教师评价
1	学习准备	
2	引导问题填写	
3	关键操作要领掌握	
4	实验数据整理,分析	
5	实验记录本使用情况	
6	药物抑制率计算	
7	使用软件绘制量效曲线	
8	相对 IC_{50} 和绝对 IC_{50} 的计算	

一、测试药物对细胞活性抑制率的计算

经过学习情境七实验结果的检测，得到了如下实验数据（见表 8-6）。

表 8-6 检测得到的实验数据

序列	1	2	3	4	5	6	7	8	9	10	11	12
A	296	425	469	555	746	1265	1583	1699	1736	1725	1478	744
B	393	1720	44040	102600	200480	271840	324360	395560	410520	414600	417800	1458
C	448	2200	57060	99720	197440	275640	337000	410640	426200	425240	413480	1662
D	492	2720	47440	110680	205200	293680	352880	416080	419360	418600	427760	1771
E	544	800	1360	2680	7160	14600	165280	265840	417520	417080	424000	1814
F	457	840	1200	2760	7200	15200	151800	284120	408600	417840	420320	1652
G	537	600	1160	2400	5920	15480	143400	265600	412160	411480	412680	1358
H	347	637	1022	1518	1704	1682	1731	1812	1673	1579	1331	662

表 8-6 中得到的实验数据和表 6-12 的药物浓度表相对应。根据表 6-12 所示，测试的 96 孔板最中间的 60 个孔为药物测试孔，即样品孔。这些孔的数值一般会比较高，且跟这个孔中的药物浓度成反比。外围的 36 个孔中只加入了 PBS 或培养基，这些孔的数值都比较低，可以认为是实验的背景值。由于这些数值相对于样品孔非常小，一般可以忽略不计。

细胞活性抑制率的计算：

① 要计算细胞活性抑制率，首先需要找到完全没有受到药物影响的细胞孔，即第 11 列的实验孔，根据表 6-12 可知这一列的药物浓度为 0。因此将这一列的数据求取平均值，作为 100% 细胞活性的对照孔（见图 8-1）。

	1	2	3	4	5	6	7	8	9	10	11	12
A												
B		1720	44040	102600	200480	271840	324360	395560	410520	414600	417800	
C		2200	57060	99720	197440	275640	337000	410640	426200	425240	413480	
D		2720	47440	110680	205200	293680	352880	416080	419360	418600	427760	
E		800	1360	2680	7160	14600	165280	265840	417520	417080	424000	
F		840	1200	2760	7200	15200	151800	284120	408600	417840	420320	
G		600	1160	2400	5920	15480	143400	265600	412160	411480	412680	
H												

平均值：419340

图 8-1 药物测试孔数据

② 随后将所有实验孔的数据与第 11 列的平均值作对比，即可得到各实验孔相对于第 11 列的细胞活性比率（见图 8-2）。

	1	2	3	4	5	6	7	8	9	10	11	12
A												
B		0.41%	10.50%	24.47%	47.81%	64.83%	77.35%	94.33%	97.90%	98.87%	99.63%	
C		0.52%	13.61%	23.78%	47.08%	65.73%	80.36%	97.93%	101.64%	101.41%	98.60%	
D		0.65%	11.31%	26.39%	48.93%	70.03%	84.15%	99.22%	100.00%	99.82%	102.01%	
E		0.19%	0.32%	0.64%	1.71%	3.48%	39.41%	63.39%	99.57%	99.46%	101.11%	
F		0.20%	0.29%	0.66%	1.72%	3.62%	36.20%	67.75%	97.44%	99.64%	100.23%	
G		0.14%	0.28%	0.57%	1.41%	3.69%	34.20%	63.34%	98.29%	98.13%	98.41%	
H												

图 8-2　细胞活性比率计算

③ 使用 100% 减去上面得到的数据，即可得到各实验孔的细胞活性抑制率（见图 8-3）。随后使用 GraphPad Prism 软件利用该抑制率数据计算测试药物的 IC_{50}。

	1	2	3	4	5	6	7	8	9	10	11	12
A												
B		99.59%	89.50%	75.53%	52.19%	35.17%	22.65%	5.67%	2.10%	1.13%	0.37%	
C		99.48%	86.39%	76.22%	52.92%	34.27%	19.64%	2.07%	−1.64%	−1.41%	1.40%	
D		99.35%	88.69%	73.61%	51.07%	29.97%	15.85%	0.78%	0.00%	0.18%	−2.01%	
E		99.81%	99.68%	99.36%	98.29%	96.52%	60.59%	36.61%	0.43%	0.54%	−1.11%	
F		99.80%	99.71%	99.34%	98.28%	96.38%	63.80%	32.25%	2.56%	0.36%	−0.23%	
G		99.86%	99.72%	99.43%	98.59%	96.31%	65.80%	36.66%	1.71%	1.87%	1.59%	
H												

图 8-3　药物细胞活性抑制率计算

二、GraphPad Prism 绘制量效曲线并计算 IC_{50} 值

GraphPad Prism 功能强大，除了可以绘制各种图形外，还能完成多种分析，如显著性分析以及这里即将介绍的 IC_{50} 值计算。IC_{50}（half maximal inhibitory concentration）在这个实验中是指被检测的药物抑制 50% 细胞活性的药物浓度。这个浓度可以用软件计算出来，前面的实验中已经设置一系列的药物浓度梯度，测定了在不同浓度药物的作用下细胞活性抑制率，根据得到的数据，利用 GraphPad Prism 就可以计算出 IC_{50} 值了。具体步骤如下：

① 打开软件，选择左边的"XY"进行表格创建，我们设置了 3 孔重复实验，所以在对话框中输入重复实验数 3。如果没有重复，则直接选择"Y"后面的第一个选项，点击"Create"创建表格（见图 8-4）。

② 在创建的表格中输入相应的数据，第一列是 X 轴，通常为浓度，group 下面为 Y 轴数值，Y1、Y2、Y3 代表每个浓度对应的 3 个重复试验的细胞活性抑制率（见图 8-5）。

③ 如果需要生成图形，则直接点击"Graphs"下面的"Data1"，因为在这个例子中进行了 3 次重复试验，所以每个数据点是带有标准差的，有些标准差太小，导致看不到误差棒（见图 8-6）。

④ 下面进行 IC_{50} 值计算，返回"Data Tables"下面的"Data 1"，点击菜单栏"Analyze"→

学习情境八　实验数据的处理和呈现　　**085**

"Transform concentrations（X）"→"OK"，在弹出的对话框中选择"Transform to logarithms"→"OK"（见图8-7）。

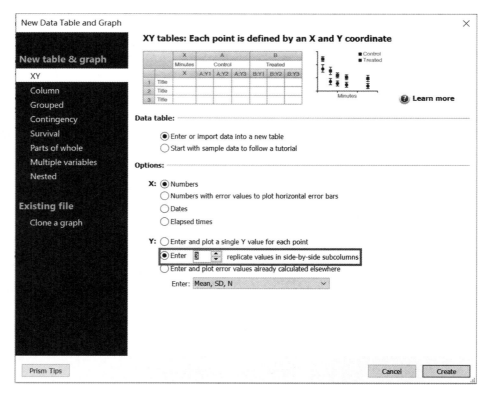

图8-4 使用GraphPad Prism建立表格

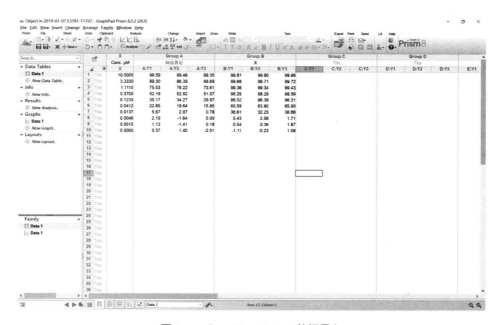

图8-5 GraphPad Prism数据录入

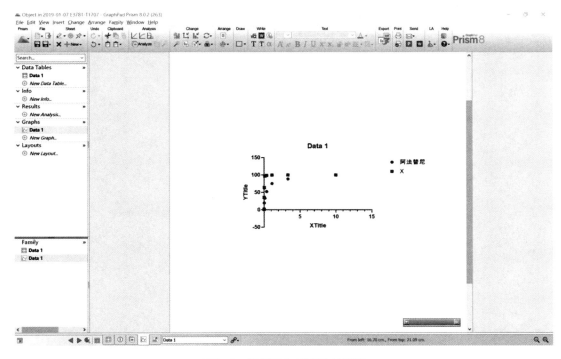

图8-6 数据录入后产生的图形

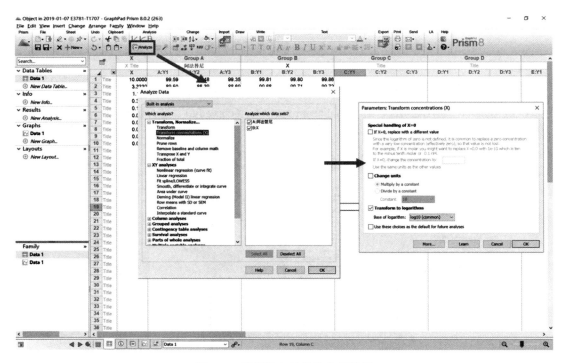

图8-7 数据录入的转换分析选择

⑤ 这时候横坐标已经转换成了对数形式，图形也连接成了曲线（见图8-8）。

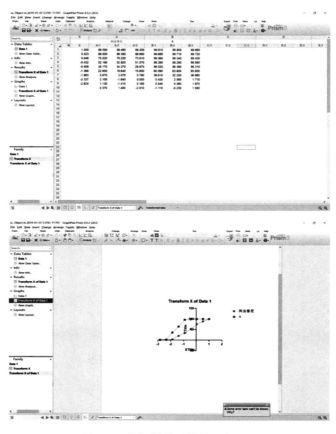

图 8-8 数据转换后的结果和图形

⑥ 这样的数据转换有利于曲线的拟合,接下来进行数据拟合,从而计算出 IC_{50} 值。方法为依次点击菜单栏"Analyze"→"Nonlinear regression(curve fit)"进行曲线拟合(见图 8-9)。

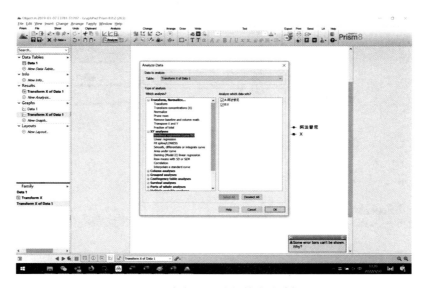

图 8-9 数据进行分析的方法选择

在弹出的对话框中选择"Dose-response-Inhibition"下面的"log（inhibitor）vs. response - Variable slope（four parameters）"，点击"OK"（见图8-10）。

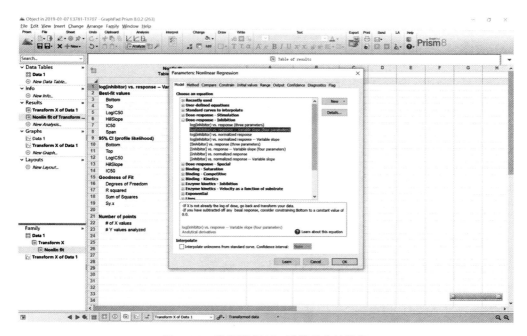

图8-10　数据进行IC$_{50}$计算的方法选择

在"Results"的"Nonlin fit of Transform X of Data1"中即计算出测试药物的IC$_{50}$值（见图8-11）。

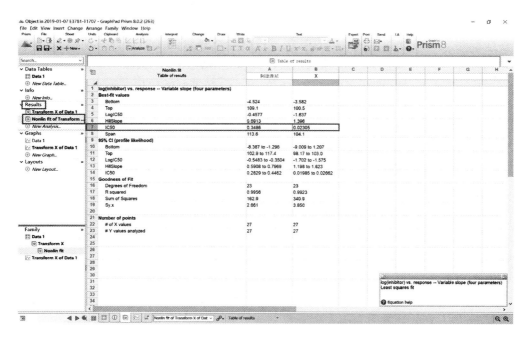

图8-11　数据分析后的IC$_{50}$计算结果

虽然已经得到了拟合的量效曲线，但是这时的曲线信息还不完整，测试化合物之间的曲线还不好区分，需要对曲线进行适当的信息补充和调整，使量效曲线更容易查看（见图 8-12）。

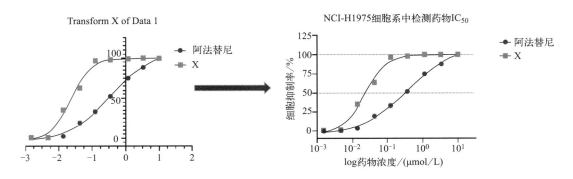

图 8-12　量效曲线的拟合与优化

⑦ 对于生成的图片如果想作为原始记录进行保存，可以选择"File"→"Export"将图片保存，也可以通过"File"→"Save as"将整个计算过程保存，下次如果想要重新查看这个数据，只需要打开保存的文件就可以了。

三、绝对 IC_{50} 和相对 IC_{50}

量效曲线一般遵循熟悉的 S 形。这些曲线通常由四项参数定义：顶部、底部、Hill 斜率和 IC_{50}。"顶部"和"底部"参数描述了曲线达到稳定段的值，无限接近，但从未完全达到这些值。Hill 斜率描述了这两个稳定段之间的 S 形曲线的斜率。IC_{50} 是指测得反应增加（或减少）至其最大值的 50% 所需的药物浓度。

有许多方法可解读该"50%"的概念。它可以是导致曲线的最大（顶部）值与最小（底部）值之间一半的测得反应的药物浓度；或者是导致曲线的最大（顶部）值与某个已定义的"基线"控制值之间一半的测得反应的浓度。在抑制性数据（测得反应随着药物浓度增加而降低）时，这两个值分别称为"相对 IC_{50}"和"绝对 IC_{50}"。

（1）相对 IC_{50}　这是迄今为止最常见的定义，通常是人们所说的反应的"IC_{50}"。其是使曲线降至曲线顶部与底部稳定段之间一半的点所需的浓度。除非将数据标准化为从 0 运行至 100，否则不对应 Y 轴上 50% 的值。

（2）绝对 IC_{50}　在空白（无药物，最大测定反应）和一些阳性对照品（代表完全抑制反应）之间引起一半反应的浓度有时称为绝对 IC_{50}。在许多情况下，所使用的阳性对照品可能是一种不同的标准药物，已知这种药物会对测定反应产生最大的抑制作用。通常，该标准阳性对照品的测定反应低于剂量反应曲线的"底部"。因此，绝对 IC_{50} 和相对 IC_{50} 会不一样。

在某些情况下，根本无法计算绝对 IC_{50}。例如，所测试的拮抗剂可能只能够将测定反应降至其最大（空白）值的 60%，但无法进一步降低。在此情况下，不会定义绝对 IC_{50}（任何拮抗剂浓度的增加均无法将测定反应降至其最大反应的 50%）。因此，要清楚想要报

告哪个 IC_{50}，以及数值的含义。

四、实验结果呈现

要将得到的实验结果进行呈现，最简单的方式就是将得到的量效曲线和 IC_{50} 等数据进行总结，这样就可以直观、快速地看到实验结果（见图 8-13）。

项目的最后还要对整个实验进行总结，形成实验报告，包括内容：实验目的、仪器设备、试剂和耗材、实验操作流程、实验结果以及实验原始数据等。

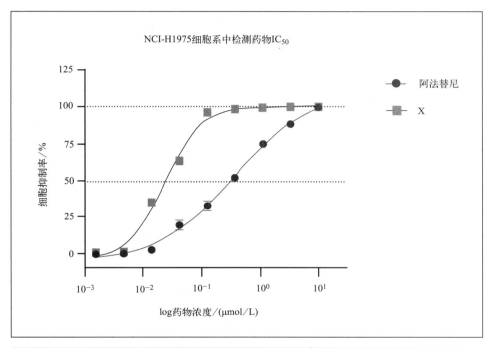

细胞系	阿法替尼			X		
	IC_{50}/(μmol/L)	最大抑制率/%	R^2	IC_{50}/(μmol/L)	最大抑制率/%	R^2
NCI-H1975	0.3486	99.47%	0.9956	0.0231	99.82%	0.9923

图 8-13　实验结果呈现

参考文献

[1] 薛庆善. 体外培养的原理与技术 [M]. 北京：科学出版社，2001.

[2] 司徒镇强，吴军正. 细胞培养（第2版）[M]. 世界图书出版公司，2007.

[3] 张卓然. 培养细胞学与细胞培养技术 [M]. 上海：上海科学技术出版社，2004.

[4] 王捷. 动物细胞培养技术与应用 [M]. 北京：化学工业出版社，2004.

[5] 周珍辉. 动物细胞培养技术 [M]. 广州：华南理工大学出版社，2006.

[6] 章静波. 组织和细胞培养技术 [M]. 北京：人民卫生出版社，2011.

[7] 王永芬，杨爽，赵绪永，等. 动物细胞培养技术 [M]. 武汉：华中科技大学出版社，2012.

[8] 谭玉珍. 实用细胞培养技术 [M]. 北京：高等教育出版社，2010.

[9] R.I. Freshney，章静波，徐存拴. 动物细胞培养——基本技术和特殊应用指南 [M]. 北京：科学出版社，2014.

[10] 元英进. 细胞培养工程 [M]. 北京：高等教育出版社，2012.

[11] 杨新建. 动物细胞培养技术 [M]. 北京：中国农业大学出版社，2013.

[12] 张卓然. 实用细胞培养技术 [M]. 北京：人民卫生出版社，2012.

[13] 兰蓉. 细胞培养（修订版）[M]. 北京：化学工业出版社，2011.

[14] 谷鸿喜，张凤民，凌虹. 细胞培养技术 [M]. 北京：北京大学医学出版社，2012.

[15] 张文丽，孔凡虹，贺文艳，等. 细胞培养实验中细胞系鉴定及质量控制重要性探讨 [J]. 标记免疫分析与临床，2017，24（1）：4.

[16] 董成梅，黄鹰，王发云. 细胞培养在药物化学中的应用进展 [J]. 科学技术创新，2017（20）：2.

[17] 曹蕊，严笠，孙雪健，等. 细胞培养技术教学模式的探索与思考 [J]. 中国比较医学杂志，2017，27（3）：3.

[18] 何俊华，陈俊，张帆，等. 不同品牌血清对小鼠骨髓基质细胞培养的影响 [J]. 现代预防医学，2017，44（5）：6.

[19] 郑皓，景嘉楠，李江峰，等. 提高动物细胞培养实验教学质量的探讨 [J]. 教育教学论坛，2018（14）：4.

[20] 卓志远，陈刚，刘华. 三维细胞培养技术的进展及其在肿瘤研究中的应用 [J]. 肿瘤，2018，38（5）：6.

[21] 刘海涛，舒端阳. 动物细胞培养问题研究 [J]. 实验教学与仪器，2017（7）：2.

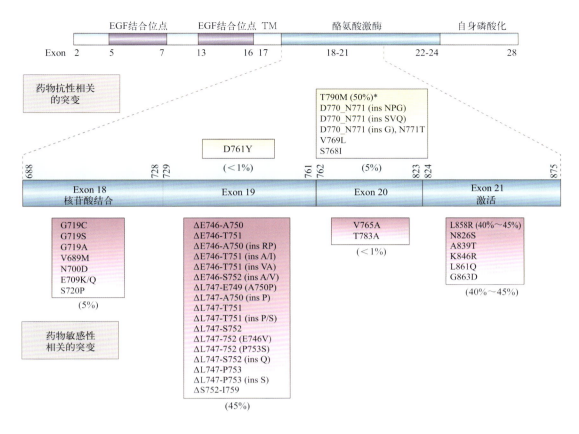

图1-3 EGFR突变位点和蛋白质结构

引自"Nat Rev Cancer. 2007Mar；7（3）：169-181"

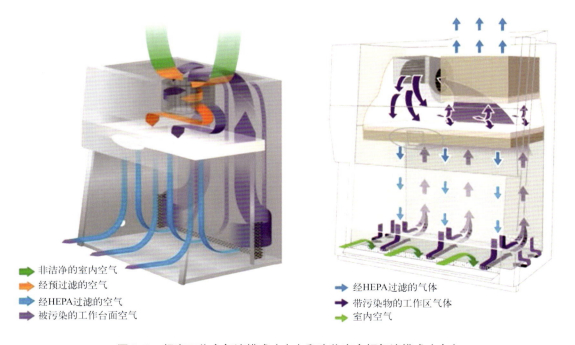

图2-2 超净工作台气流模式（左）和生物安全柜气流模式（右）

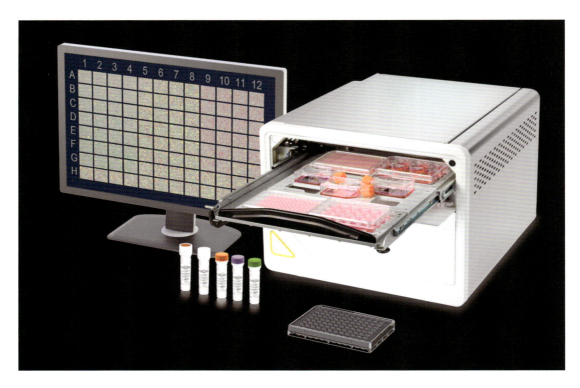

图 5-3 IncuCyte 系统

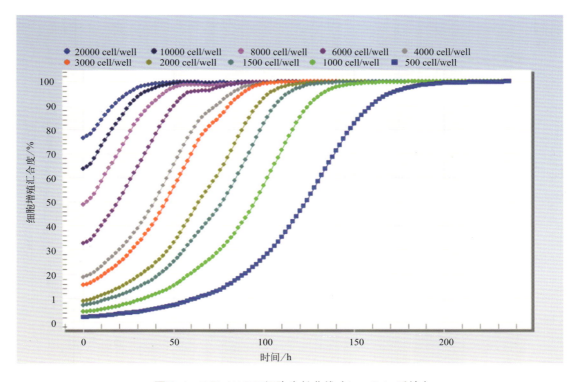

图 5-4 NCI-H1975 细胞生长曲线（IncuCyte 系统）